Grundzüge zu Vorlesungen

über

Eiserne Balkenbrücken.

Grundzüge zu Vorlesungen

über

Eiserne Balkenbrücken

von

Ferdinand Loewe,

Professor der Ingenieurwissenschaften am kgl. Polytechnikum in München.

Mit 80 Abbildungen.

München.

Druck und Verlag von R. Oldenbourg.

1877.

Vorwort.

Das kleine Buch, welches hiermit der Oeffentlichkeit übergeben wird, ist zunächst auf Wunsch von Studirenden des Polytechnikums dahier entstanden. Es behandelt einen Theil des Stoffes aus den Vorlesungen über eiserne Brücken, welche ich seit einigen Jahren an der bezeichneten Hochschule halte. Da dieselben neben den Hauptvorlesungen über Brückenbau bestehen und von einem Theil meiner Hörer als Repetitorium besucht werden, so habe ich die jenen Vorlesungen eigenthümlichen Sätze und Entwicklungen ebenfalls berücksichtigt. Der Werth des Buches und seine allgemeinere Benützung wird dadurch sicherlich nicht beeinträchtigt; denn das Erfassen einer Sache von verschiedenen Seiten kann deren Verständniss nur fördern.

Die Bearbeitung des behandelten Stoffes gründet sich natürlich auf die vorhandenen einschlägigen Arbeiten in besonderen Werken oder Zeitschriften, deren Titel unten zusammengestellt sind, doch wird man ihr, wie ich hoffe, die Bezeichnung einer selbstständigen nicht versagen; wenn fremde Arbeiten specieller benützt worden sind, wird diess in besonderen Bemerkungen stets ausdrücklich angegeben. Mein Streben ging nach einer kurzen Ausdrucksweise, doch suchte ich für die in technischen Disciplinen so vielfach nothwendigen Annahmen auch die Gründe beizubringen, wodurch ein Urtheil über den Werth derselben ermöglicht wird. Dass die analytische Behandlung ausschliesslich festgehalten wurde, darf nicht als Geringschätzung der graphischen Methode aufgefasst werden; es ist geschehen, um den Umfang des Buches möglichst zu beschränken, nachdem auch die graphische Statik in Werken ähnlichen Inhaltes vorzugsweise in Anwendung gekommen ist.

Wohl bin ich mir bewusst, dass das Streben nach den angedeuteten Richtungen hin nicht durchaus erfolgreich war, weshalb ich das Buch schliesslich noch einer wohlwollenden Beurtheilung empfehle; von Seite der Verlagshandlung ist gewiss Alles geschehen, um eine solche zu erleichtern.

München im October 1876.

F. Loewe.

Uebersicht des Inhaltes.

Einleitung.

Allgemeiner Theil.

I. Die angreifenden (äusseren) Kräfte.

II. Verticalkraft und Angriffsmoment.

1. Maximum der Verticalkraft und des Momentes durch die Verkehrslasten der Eisenbahnbrücken bewirkt.

$\left(\text{Max.}\,\hat{V}_k,\quad \text{Max.}\,\hat{\mathfrak{M}}_k\right)$

a) Der Träger ist direct belastet.

b) Der Träger ist durch Vermittlung von Zwischengliedern belastet.

2. Maximalwerthe von Verticalkraft und Moment durch die Verkehrslasten der Steinstrassenbrücken hervorgerufen.

$\left(\text{Max.}\,\hat{V}_k,\quad \text{Max.}\,\hat{\mathfrak{M}}_k\right)$

3. Verticalkraft und Moment bei vertheilter Belastung des ganzen Trägers.

$(\hat{\mathfrak{V}}_p, \hat{\mathfrak{M}}_p)$

III. Vertheilte Lasten als Aequivalente für Eisenbahnzüge.

IV. Die widerstehenden (inneren) Kräfte.

a) Träger mit voller Wand.

b) Träger aus band- und stangenartigen Theilen.

V. Zulässige Spannungen.

a) Aeltere Annahmen der zulässigen Spannungen.

b) Zulässige Spannungen auf Grund neuer Versuche.

Besonderer Theil.

Die eisernen Balkenbrücken.

I. Barrenbrücken.

a) Barrenbrücken für Steinstrassen (Chausséen).

b) Barrenbrücken für Eisenbahnen.

II. Blechbalkenbrücken.

a) Brückenträger aus Blech im Allgemeinen.

b) Einfache Brückenconstructionen mit Blechträgern.

III. Fachwerkbrücken.

1. Fachwerke mit einfach angeordneten Zwischengliedern.

a) Träger mit beliebig geformten Gurtungen.

b) Fachwerke mit geraden horizontalen Gurtungen (Parallelträger).

c) Polygonale Fachwerkträger.

2. Fachwerke mit mehrfach angeordneten Zwischengliedern. Gitterträger.

System der Bezeichnung.

Als System der Bezeichnung ist jenes festgehalten worden, welches von einer Commission des oberbayerischen Architekten- und Ingenieur-Vereins vorgeschlagen und in der Ztschft. des bayerischen Vereins, Jahrgang 1873, S. 41 ff. veröffentlicht worden ist.

Demnach werden das kleine und grosse lateinische, griechische und gothische Alphabet in der Weise verwendet, wie es das nachstehende Schema anschaulich macht. Zu demselben ist nur noch zu bemerken, dass die Kräfte den Flächen coordinirt erachtet und sammt den von ihnen abgeleiteten Grössen von den geometrischen Grössen gleicher Dimension durch ein aufgesetztes besonderes Zeichen ($\hat{}$) unterschieden werden.

Schema.

Dimension	I. Allgemeine Bezeichnungen.		II. Mechanische Bezeichnungen.	
1. negative	$\mathfrak{a}$	$\frac{1}{a}$,	$\hat{\mathfrak{a}}$	Gewicht der Volumeinheit, $\frac{\hat{A}}{abc} = \frac{\hat{\mathfrak{A}}}{\mathfrak{A}}$
0.	α	Winkel, absolute Zahl, $\frac{a}{b}$,	$\hat{\alpha}$	$\frac{\text{Kraft}}{\text{Fläche}}$, Spannungsintensität, $\frac{\hat{A}}{A} = \frac{\hat{A}}{a^2}$
1.	a	Linie, Ordinate, ...	$\hat{a}$	$\frac{\text{Kraft}}{\text{Länge}}$, Belastung pr. Längeneinheit, $\frac{\hat{A}}{a}$
2.	A	Fläche $= a^2$	$\hat{A}$	Kraft, Gewicht,
3.	$\mathfrak{A}$	Volumen $= a^3$	$\hat{\mathfrak{A}}$	Statisches Moment, $\hat{A} \,.\, a$
4.	Θ	Trägheitsmoment einer Fläche $= A \,.\, a^2$ . . .	—	

Einleitung.

Bei Klassificirung der Brücken kann man verschiedene Umstände festhalten, zunächst den, ob dieselben ein für allemal den Ort beibehalten oder aber ihn zeitweilig im Ganzen oder theilweise wechseln. Die grosse Zahl von verschiedenartigen Brücken trennt sich hiernach in zwei Gruppen, in *feststehende* und *bewegliche* Brücken. Von den letzteren, welche Zug-, Dreh- und Schiebebrücken oder auch Schwimmbrücken sein können und aus Holz oder Eisen hergestellt werden, wird im Folgenden nicht besonders die Rede sein, wenngleich vieles zu Besprechende auch für sie Gültigkeit hat. Was die feststehenden Brücken betrifft, so weisen dieselben drei von einander wesentlich verschiedene Haupttheile auf:

1) Die vom Erdboden aufsteigenden *Widerlager* und *Pfeiler*,
2) die auf diesen aufruhenden *Brückenträger*, (Hauptträger, Tragwände) und
3) die von den Brückenträgern gestützten Constructionstheile, welche zusammen *Oberbau* oder *Fahrbahn* genannt werden.

Je nachdem die Brückenträger auf ihre Widerlager und Pfeiler der Hauptsache nach nur verticale Drucke ausüben, oder die Tendenz äussern, dieselben auseinander zu schieben oder sie einander zu nähern, unterscheidet man allgemein:

1) Balken-, 2) Bogen-, 3) Hängbrücken.

Für jede dieser Gruppen bestimmt das Material der Brückenträger Unterabtheilungen.

Die allermeisten, in den letzten Jahren ausgeführten Brücken sind eiserne Balkenbrücken, deren Hauptträger als Barren, Blechbalken oder Fachwerk- und Gitterträger nach den verschiedensten Systemen, und meist auf zwei Stützen aufruhend erscheinen. Sie sollen in den folgenden Abschnitten behandelt werden.

Allgemeiner Theil.

I. Die angreifenden (äusseren) Kräfte.

§ 1. Vor Allem ist es wichtig, die Kräfte kennen zu lernen, welchen die Brückenträger und die mit ihnen verbundenen Theile beständig oder zeitweilig Widerstand leisten müssen. Diese Kräfte lassen sich, abgesehen von der Wärme, deren Wirkung entweder nicht bedeutend ist oder durch besondere Vorrichtungen unschädlich gemacht werden kann, in zwei Gruppen zusammenfassen; einerseits die vertical gerichteten Kräfte, andererseits jene, welche in horizontalen oder nur wenig geneigten Ebenen wirken.

Zur ersten Gruppe werden gezählt:

1) Das Eigengewicht der Constructionstheile,
2) die Verkehrslasten, d. h. die Gewichte der die Brücke passirenden Fuhrwerke, Menschen und Thiere,
3) die Auflagerreactionen, welche Widerlager und Pfeiler in ihrer Function als stützende Glieder äussern.[1])

Zur zweiten Gruppe gehören:

1) Durch Luftbewegungen verursachte Drucke,
2) die Seitenstösse in Folge des Schwankens der Fahrzeuge,
3) Centrifugalkräfte, welche bei gekurvten Eisenbahnbrücken auftreten.

Die wichtigsten dieser äusseren Kräfte, die der ersten Gruppe, werden unmittelbar oder mittelbar von den Brückenträgern selbst aufgenommen. Indem nun deren Dimensionen mit Rücksicht hierauf zweckmässig gewählt werden, erlangt der einzelne Träger keineswegs die erforderliche Widerstandsfähigkeit gegen die übrigen, seitlich gerichteten Angriffe; es wird nothwendig, zu deren Aufnahme besondere liegende Träger zwischen den Tragwänden anzubringen.

---

[1]) Zuweilen wird auch das Gewicht von Schnee (ca. 100 Kilogr. pr. □ᵐ) hier eingereiht, doch kann dasselbe wohl ausser Betracht bleiben, weil es für sich keine übermässige Anstrengung verursacht und bei Vorhandensein bedeutender Schneemassen der Verkehr jedenfalls unterbrochen ist.

§ 2. Das Eigengewicht. Das eigene Gewicht der Brückenconstruction, welches sich aus dem Gewichte der Brückenträger sammt dem der zwischen ihnen angeordneten Verbindungstheile, sodann aus dem Gewichte der Fahrbahn zusammensetzt, kann gewöhnlich als eine gleichmässig über die Spannweite ausgebreitete Last aufgefasst werden, auch wenn das letztere nur an einzelnen Stellen concentrirt auf die Hauptträger übergeht. Das Eigengewicht wächst selbstverständlich mit der Grösse des Bauwerks; es ist bei Brücken von geringer Spannweite so klein im Verhältniss zu den Verkehrslasten, dass es bei nicht ganz scharfer Rechnung unberücksichtigt bleiben kann, je grösser aber die überdeckte Oeffnung ist, desto mehr Bedeutung gewinnt das Eigengewicht, so dass es selbst bei Ueberschlagsrechnungen nicht mehr unbeachtet bleiben darf. Es fragt sich dann, in welcher Weise dasselbe in die Rechnung eingeführt werden soll. Wollte man mathematisch genau verfahren, so müsste man es als Function der noch unbekannten Dimensionen ausdrücken, wodurch die Rechnung zum mindesten sehr langwierig würde. Der Genauigkeitsgrad eines solchen Verfahrens steht jedoch nicht im richtigen Verhältniss zu den weniger subtilen Anforderungen der Praxis; viel mehr dem Zwecke entsprechend ist das folgende Verfahren: Man wählt unter der grossen Zahl ausgeführter Brücken eine solche, welche nach Anordnung ihrer Theile, in ihrer Grösse und den Belastungsverhältnissen genau genug mit dem zu bearbeitenden Project übereinstimmt, benützt deren bekanntes Eigengewicht zur erstmaligen Berechnung der Dimensionen und wiederholt dieselbe, wenn nöthig, mit dem durch die letzteren bestimmten Werth des Gewichtes. Selbst bei mehrmaliger Wiederholung der Rechnung gelangt man hierdurch schneller znm Ziele als mit Hülfe der strengen Methode. Uebrigens wird es bei einiger Uebung immer gelingen, die erste Annahme so zutreffend zu machen, dass höchstens eine einmalige Wiederholung nothwendig wird. Zur Erleichterung der Rechnung hat man auch Gleichungen für das Brückengewicht verschiedener Systeme aufgestellt.

Es zeigt sich nämlich, dass das Gewicht der Tragwände sammt dem der liegenden Zwischenträger und der sonstigen Quervorspannungen in einem bestimmten Verhältniss zur Grösse der Spannweite der Brücke steht, während das Gewicht der Fahrbahn, wozu alle übrigen Constructionstheile, namentlich auch die zu ihrer Stützung erforderlichen Quer- und Längsträger gehören, unabhängig von der Brückenweite sei, dass letzteres Gewicht bei gleicher Anordnungsweise und unter Voraussetzung desselben Betriebsmaterials constant bei wechselnder Spannweite bleibe.

Das Gewicht eines laufenden Meters der ganzen Brücke lässt sich demnach durch die Gleichung

$$\hat{p} = c_1 \cdot l + c_2 \tag{1}$$

darstellen, worin $c_1\, l$ das Gewicht der Tragwände etc., c_2 jenes der Fahrbahn bedeutet. c_1 und c_2 ändern sich beziehungsweise mit der Art der Tragwände und der Anordnungsweise der Fahrbahn, die verschiedenen Werthe derselben sind bis jetzt noch nicht mit wünschenswerther Schärfe bestimmt, hauptsächlich weil die Constructionsprincipien zur Zeit noch zu wenig einheitlich sind.

Formeln solcher Art wurden zuerst von Schwedler bekannt gegeben, darauf bezügliche Entwicklungen finden sich sodann in Laissle und Schübler, der Bau der Brückenträger, I. Th. 3. Aufl. S. 99 ff., wo z. B. für Eisenbahnbrücken mit Blech- und Fachwerkträgern $c_1 = 35$ angenommen und für c_2 4 verschiedene Werthe entwickelt werden, ebenso in Heinzerling, die angreifenden und widerstehenden Kräfte der Brücken- und Hochbau-Constructionen. In Bauernfeind's Vorlegeblättern, in 3. Auflage herausgegeben von Asimont und Frauenholz, ist für ebensolche Brücken die Formel

$$\hat{p} = 31{,}4\; l + 700 \tag{2}$$

entwickelt.

§ 3. Die Verkehrslasten. Der Verkehr bringt Fahrzeuge und Fussgänger auf die Brücken.[1]) Charakteristisch für dieselben ist, dass sie sich in Bewegung befinden und hierdurch wesentlich stärkere Anstrengungen aller Brückentheile verursachen, als wenn sie bei gleicher Grösse im Zustande der Ruhe einwirkten. Durch die Bewegung entstehen nämlich Stösse und zugleich Schwankungen in der Spannung der Constructionstheile. Beide sind streng von einander zu unterscheiden; bei einer Eisenbahnbrücke mit absolut glatter, ebener Fahrbahn und idealem Betriebsmaterial würden zwar keine Stösse auftreten, wohl aber Spannungsschwankungen. Denn der Werth der Spannung in irgend einem Constructionstheile wechselt mit der Stellung

[1]) Von Viehheerden kann abgesehen werden, da ihre Einwirkung jedenfalls hinter jener von Menschenmassen bleibt.

der Verkehrslasten auf der Brücke; die grösste Spannung, welche dieselben zu Stande bringen können, zusammengenommen mit der ständig vorhandenen, welche das Brückengewicht erzeugt und letztere für sich bilden die äussersten Grenzen, zwischen welchen der Wechsel erfolgt. Gerade dieser Wechsel in der Spannungsintensität hat, bei der Raschheit, mit welcher er stattfindet, eine besonders starke Anstrengung des Brückenbaumaterials zur Folge. Bis in die neueste Zeit sind diese Verhältnisse nicht gehörig erkannt worden, erst die Versuche von Wöhler[1]) eröffneten einen tieferen Einblick in dieselben und unter den Autoren, welche die Resultate der erwähnten Versuche für Brückenbauzwecke verwertheten, ist zunächst Gerber, Director der süddeutschen Brückenbaugesellschaft, zu nennen, sodann Professor Launhardt in Hannover; nach ihnen beschäftigten sich noch Professor Schäffer und Ingenieur Müller mit dieser Angelegenheit. Genaueres hierüber ist in dem Abschnitte über zulässige Spannungen zu finden.

Auf Eisenbahnbrücken erscheinen keine anderen Verkehrslasten, als die Gewichte von Fahrzeugen, welche auf die Radaxen vertheilt, in denselben concentrirt wirkend angenommen werden müssen. Unter den verschiedenen Eisenbahnfahrzeugen weisen die Locomotiven die stärksten Belastungen und die kleinsten gegenseitigen Abstände der Radaxen auf, sie sind desshalb jedenfalls in erster Linie in Betracht zu ziehen, fraglich ist es nur, ob man für die grösseren Brückenweiten einen ganzen Zug von Locomotiven annehmen soll, wie er unter gewöhnlichen Umständen nicht auftreten wird, oder eine möglichst ungünstige Zusammenstellung von Fahrmaterial, wie sie der Betrieb thatsächlich verlangt. Die Meinungen der Ingenieure hierüber sind getheilt; die einen sind der Ansicht, man müsse die Stärke der Brückentheile mit Rücksicht auf die denkbar gefährlichsten Belastungen wählen, die anderen halten diese Rücksicht für übertrieben und wollen nur den voraussichtlich eintretenden ungünstigsten Angriffen Rechnung tragen. Wir werden uns den letzteren anschliessen, indem wir festhalten, dass die Wahrscheinlichkeit einer Beanspruchung der Brücke durch einen Locomotivenzug jedenfalls gering ist und dass diese auch in den wenigen denkbaren Fällen wohl immer vermieden werden kann.

---

[1]) In den Jahren 1859—70 im Auftrage der preuss. Regierung von Wöhler, damals Obermaschinenmeister der Niederschlesisch-Märkischen Bahn, ausgeführt, beschrieben in der Zeitschrift für Bauwesen von Erbkam 1860—70.

Nach den derzeitigen Betriebsverhältnissen gilt nun die Zusammenstellung eines Bahnzuges als besonders ungünstig, wenn vor einer Reihe beladener Güterwägen mit kurzen Axenabständen drei schwere Lastzugmaschinen sich befinden, von welchen unter Umständen zwei mit ihren Schornsteinen gegen einander gekehrt sind. Vor den Maschinen sind in manchen Fällen, welche ebenfalls erst durch die späteren Untersuchungen klargestellt werden können, noch Güterwägen zu denken, so dass man es eigentlich mit zwei zusammengerückten Lastzügen zu thun hat, von denen der eine mit zwei Maschinen versehen ist.

Hinsichtlich der Dimensionen der Eisenbahnfahrzeuge und der Art der Axenbelastung ist weiter zu bemerken, dass zur Zeit noch keine Uebereinstimmung auf den bestehenden Bahnlinien existirt. Die Berechnungen derselben Brücke für mehrere Linien mit verschiedenen Fahrzeugen werden deshalb auch im Allgemeinen verschiedene Resultate ergeben, doch sind die Abweichungen nicht bedeutend, so lange nicht die Locomotiven wesentliche Unterschiede aufweisen. Eine besondere Erwägung, ob für eine bestimmte Brücke Gefahr durch den Uebergang fremden Betriebsmaterials entstehe, wird übrigens nur selten nothwendig werden, da fremde Maschinen im Dienstzustande nicht von einer Linie auf die andere überzugehen pflegen. Bei den später auszuführenden Beispielen sollen die in der Figur 1—3 dargestellten Lastwägen, Güterzugs- und Eilzugsmaschinen in Anwendung kommen, wie diess jetzt fast von allen bayerischen Ingenieuren geschieht.

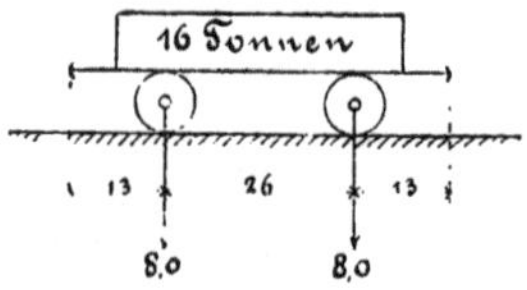

Fig. 1

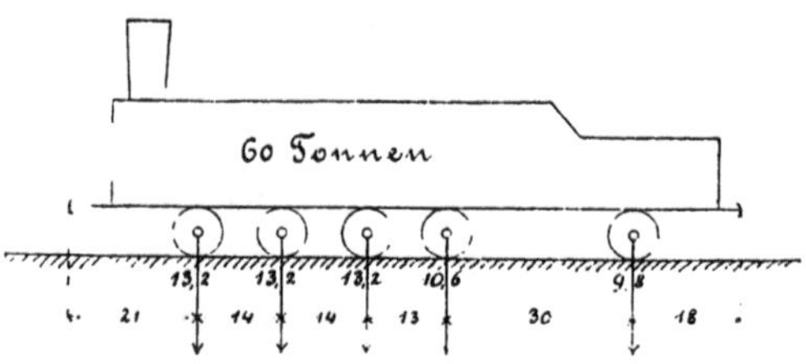

Fig. 2.

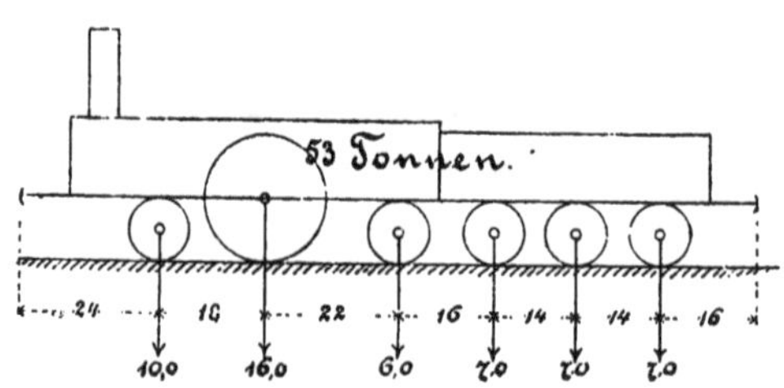

Fig. 3.

Noch mag hier auf einen Umstand hingewiesen werden, welcher neuerdings öfters verhandelt wird, und auf den später (§. 18 u. 19) ausführlicher zurückgekommen werden soll. Die variable Belastung der Eisenbahnbrücken erfolgt thatsächlich nur durch concentrirt wirkende Axen- resp. Raddrucke. Je weniger verschieden dieselben ihrer Grösse nach sind, je gleichmässiger ihre gegenseitigen Abstände und je grösser ihre Anzahl, desto weniger unterscheidet sich die Wirkung des Systems von der einer continuirlichen, gleichmässig vertheilten Belastung, man kann deshalb auch bei Eisenbahnbrücken mit gleichmässig vertheilten Verkehrslasten operiren, doch nur so lange, als es sich um Annäherungsrechnungen handelt.

Weniger einfach wie bei den Eisenbahnbrücken gestalten sich die Verhältnisse für die Verkehrslasten der Strassenbrücken. Auf Landstrassen verkehren neben den Fuhrwerken mit concentrirten Raddrücken und Gespannen, deren Gewicht gleichfalls in ihren Schwerpunkten concentrirt angenommen wird, immer auch Fussgänger, zuweilen in grösserer Vereinigung. Das Gewicht einer zusammengedrängten Menschenmenge kann aber jedenfalls als gleichmässig über die von ihr eingenommene Fläche vertheilt angesehen werden, da die Gewichte der einzelnen Menschen nur wenig von einander abweichen und ihre Angriffspunkte sehr nahe beisammen liegen. Es kann sich nun treffen, dass auf der Brücke zu Zeiten nur Lastwägen, oder nur Menschenmassen, oder aber beide zugleich erscheinen, wodurch die Anzahl der möglichen Belastungsfälle gross und die Untersuchung derselben ausgedehnt wird.

Geht man weiter darauf über, die Grösse der verschiedenen Verkehrslasten festzustellen, so macht sich sofort wieder bei den Fuhrwerken der Mangel an Uebereinstimmung in der Belastung der Räder und in dem Axen- und Radstande fühlbar, und es ergibt sich die nicht ganz leichte Aufgabe, einen Normallastwagen festzustellen, welcher als Repräsentant der schwersten, die Brücke voraussichtlich passirenden Wägen gelten kann. Derselbe wird sich verschieden gestalten je nach der Gegend, in welcher die Brücke zur Ausführung kommt und der Wichtigkeit der Strasse, welche sie trägt, doch kann der in Fig. 4 dargestellte Wagen für Hauptstrassen in Anwendung kommen.

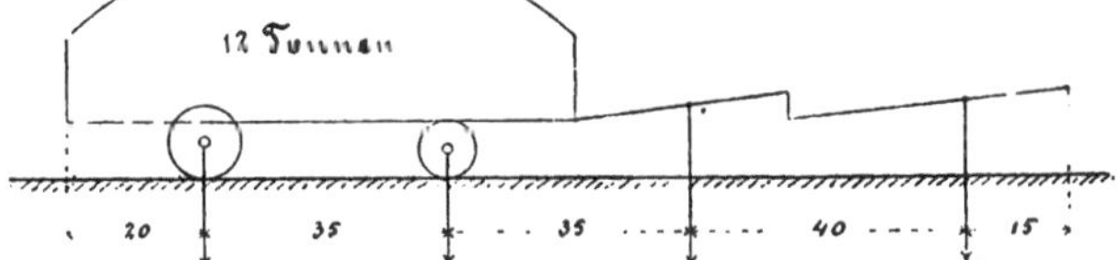

Fig. 4.

In besonderen Fällen, wenn sehr schwere Produkte nahe gelegener Fabriken etc. die Brücke passiren müssen, ist die Annahme eines Normalwagens nach Fig. 5 zu empfehlen.[1]) Ersterer kann nach Mass-

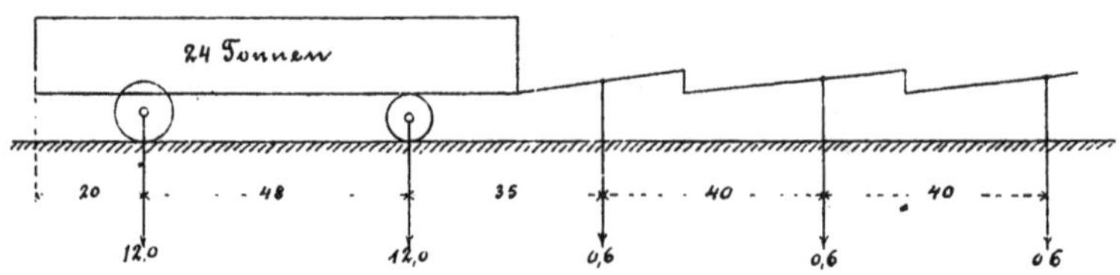

Fig. 5.

gabe seiner Breitendimension an verschiedenen Stellen der Fahrbahn sich befinden, während für den letzteren angenommen wird, dass er sich allein in der Mitte der Fahrbahn bewege oder höchstens um $\frac{1}{3}$ der halben Fahrbahnbreite seitlich. Für Nebenstrassen können Lastwägen mit den gleichen Dimensionen, jedoch nur mit 4^T, resp. 8^T Axenbelastung angenommen werden.

Auch die Annahme der gleichmässig vertheilten Last, welche dem Menschengedränge entspricht, kann nicht ohne verschiedenartige Erwägungen gemacht werden. Denkt man sich die Menschen so nahe beisammen, dass gerade noch ein Gehen im Schritt möglich ist, so kann man ca. $0{,}0033^T$ pr. $\square^{dcm}$ rechnen, bei sehr starkem Gedränge dagegen über $0{,}0040^T$. Ausserdem ist es rathsam, zu beachten, dass die verhältnissmässig dünnen Theile der Fusswege, auf welche die Angriffe der Verkehrslasten unmittelbar übergehen, stärker durch diese leiden als die massiven Fahrbahntheile. Alles zusammengenommen rechtfertigt die gewöhnliche Annahme zweier Werthe für das Menschengedräng, $0{,}0035^T$ pr. $\square^{dcm}$ Fahrbahn und $0{,}0056^T$ pr. $\square^{dcm}$ Fussweg.

§ 4. Die Auflagerreactionen. Die Auflagerreactionen sind, wie der Name andeutet, die Widerstände, welche die Stützpunkte der Träger den auf sie übergeführten Druck- (oder Zug-) Kräften entgegensetzen. Sie müssen stets gerade so gross sein, dass sie den eben herrschenden Angriffen das Gleichgewicht halten können, und sie ändern demnach je nach der Grösse der Belastung auch ihre Werthe. Die Stützstellen müssen im Stande sein, auch die stärksten nothwendigen

[1]) Siehe Abhandlung von Gerber, Ztschft. des bayr. A. u. I. Vereins 1874. Andere Normallastwägen werden von anderen Autoren angegeben.

Reactionen zu äussern. So lange die Träger nur an zwei Stellen aufruhen, genügen die statischen Gleichgewichtsgleichungen zur Bestimmung der Auflagerdrücke und der ihnen gleichen Auflagerreactionen, wenn dagegen die Träger continuirlich über mehr als zwei Stützen reichen, so können die fehlenden Gleichungen nur mit Rücksicht auf die Elasticität beschafft werden.

§ 5. Winddrücke. Die ungünstigste Richtung des Windes ist horizontal und normal zur Brückenaxe. Die Stärke des Winddruckes in Kilogramm auf den □m lässt sich nach Angabe verschiedener Autoren aus der Formel

$$\hat{\pi} = 0{,}12\ v^2 \tag{3}$$

berechnen, wenn v die Luftgeschwindigkeit in Meter bedeutet. Verschiedene Erfahrungsdaten geben Aufschluss über den Werth von v, welcher für Brückenberechnungen angenommen werden soll.[1]) Tredgold hat aus den Wirkungen eines ungewöhnlich heftigen Orkans den Druck von 282^k pr. □m abgeleitet, dagegen ist in Mitteleuropa bisher noch nicht beobachtet worden, dass ein beladener, bedeckter Güterwagen umgeworfen worden wäre, was einem Drucke von etwa 250^k entsprechen würde; die höchsten Werthe, welche nachgewiesen werden konnten, stiegen nur bis 100 und 110_k. Andererseits steht fest, dass Personenwägen schon durch einen Druck von 150^k pr. □m umgeworfen werden und dass hierbei durch die sehr erhöhte Reibung zwischen den Rädern und Schienensträngen ein Fortbewegen unmöglich ist. Demnach rechtfertigen sich die beiden Berechnungsweisen:

1) Die Eisenbahnbrücke ist durch einen Zug besetzt, welcher eine Druckfläche so lang wie die Brücke und so hoch wie ein Wagen (ca. 4^m) darbietet, der Winddruck beträgt 150^k pr. □m, oder
2) die Brücke ist unbelastet, als Druckfläche wird die Summe der Projectionen aller Constructionstheile auf eine Ebene senkrecht zur Windrichtung und als Druck 280^k pr. □m angenommen.

Aehnlich wird bei Strassenbrücken verfahren; da sich weder die Gespanne der Lastwägen noch die Menschen bei einem mässigen Orkane aufrecht erhalten können, so empfiehlt sich der Druck von 280^k pr. □m, welchem die Construction im unbelasteten Zustande Widerstand leisten muss.

[1]) Abhandlung von Gerber, Ztschrft. des bayr. A. u. I. Vereins 1874.

§ 6. Seitenstösse der Räder und Centrifugalkräfte. Die seitlichen Drucke, welche die Räder der Eisenbahnfahrzeuge äussern, sind von dem Gewicht der Bahnzüge und ihrer Fahrgeschwindigkeit abhängig, ihre Grösse kann zur Zeit nur geschätzt werden. Jedenfalls nehmen sie ab, wenn die Winddrücke wachsen; bei dem stärksten Winddruck, welcher in die Rechnung eingeführt wird, ist jede Bewegung und damit das Auftreten von Seitenstössen verhindert, sie sind desshalb auch nicht für die Dimensionirung massgebend. Die Centrifugalkraft auf gekurvten Brückengeleisen kann als gleichmässig über die ganze Länge vertheilt angesehen und ihre Grösse für den laufenden Meter aus der Gleichung

$$\hat{c} = \frac{\hat{k} \cdot v^2}{rg} \tag{4}$$

berechnet werden, in welcher $\hat{k}$ die gleichmässig vertheilt gedachte Verkehrslast für die Längeneinheit, v die grösste Fahrgeschwindigkeit (ca. 20^m in der Sekunde), $g = 9{,}81^m$ die Beschleunigung der Schwere und r den Krümmungsradius der Geleisaxe bedeutet. Auch die Centrifugalkraft ist gegenüber dem Winddrucke von untergeordneter Bedeutung.

II. Verticalkraft und Angriffs-Moment.

§ 7. Bei der Berechnung eiserner Balkenbrücken handelt es sich immer um Träger, welche an mehreren Stellen gestützt sind und senkrecht zu ihrer Längsrichtung von concentrirten und vertheilten Kräften beansprucht werden. Die hierbei im Innern hervorgerufenen Widerstandskräfte hängen nach § 20 von der Verticalkraft ($\hat{V}$), d. i. der algebraischen Summe der links oder rechts von der betrachteten Stelle befindlichen äusseren Kräfte ab, und von dem Angriffsmoment ($\hat{\mathfrak{M}}$), d. i. dem statischen Moment der Verticalkraft, auf einen Drehpunkt in der fraglichen Stelle bezogen. Ist neben der Grösse der äusseren Kräfte auch die Art ihres Angriffes fest gegeben, wie z. B. bei einem nur durch das Eigengewicht oder durch Winddruck beanspruchten Träger, so haben Verticalkraft und Moment an allen Stellen constante Werthe. Wenn dagegen die äusseren Kräfte (Verkehrslasten) verschiedene Stellungen auf dem Träger einnehmen können, so erzeugen sie hierbei auch an einer und derselben Stelle verschieden grosse Verticalkräfte und Momente und es tritt dann die Aufgabe in den Vordergrund, die grösstmöglichen sogenannten Maximalwerthe derselben aufzusuchen.

In den folgenden Paragraphen sollen die Gesetze untersucht werden, unter welchen Verticalkraft und Angriffsmoment, jedes für sich, bei Einwirkung mobiler Lasten möglichst gross werden, wobei zu unterscheiden ist zwischen Eisenbahnbrücken mit ausschliesslich concentrirten Verkehrslasten, und Strassenbrücken, bei welchen dieselben theils concentrirt, theils vertheilt sind. Hieran wird sich eine kurze Betrachtung der Verticalkraft und des Momentes anschliessen, wie sie durch gleichmässig über die ganze Brückenöffnung ausgebreitete Lasten (Eigengewicht, oder auch Winddruck und Centrifugalkraft) erzeugt werden.

1) Maximum der Verticalkraft und des Momentes durch die Verkehrslasten der Eisenbahnbrücken bewirkt.

(Max. $\hat{V}_k$, Max. $\hat{\mathfrak{M}}_k$)

Es sind hier zwei Fälle zu unterscheiden: Entweder ist die Construction der Art, dass die Brückenträger direct belastet erscheinen, oder es erfolgen die Angriffe der Verkehrslasten zunächst auf Zwischenglieder uud werden durch deren Vermittlung auf bestimmte Stellen der Hauptträger übergeleitet. Der erste Fall wird als vorhanden angesehen, wenn die Schienenstränge unmittelbar auf den Brückenträgern aufruhen, der zweite Fall ergibt sich schon, wenn zwischen diesen und den Schienen hölzerne Querschwellen liegen, und noch entschiedener, wenn das Bahngeleis auf Längs- und Querträgern ruht, die zwischen den Hauptträgern angeordnet sind.

a) Der Träger ist direct belastet.

§ 8. Maximalverticalkraft an beliebiger Stelle. Die Fig. 6 stellt den schwerlos zu denkenden Balken AB von der Länge l vor, welcher in den Punkten A und B einfach unterstützt und von einer Anzahl con-

Fig. 6.

centrirter Gewichte belastet gedacht wird. Die Aufgabe ist, festzustellen, bei welcher Lage derselben die Verticalkraft für eine Stelle CD in der Entfernung x von A möglichst gross ausfällt.

Werden die links vom Querschnitt CD befindlichen Lasten zur Mittelkraft $\hat{R}_1$ zusammengefasst und ebenso die Summe der rechtseitigen Lasten mit $\hat{R}_2$ bezeichnet und die Abstände dieser vom Querschnitt beziehungsweise mit r_1 und r_2, so hat man für den Auflagerdruck oder die ihm gleiche Stützenreaction in A

$$\hat{A} = \hat{R}_1 \frac{l - (x - r_1)}{l} + \hat{R}_2 \frac{l - (x + r_2)}{l} \qquad (5$$

und für die Verticalkraft in CD

$$\hat{V}_k = \hat{A} - \hat{R}_1 = \hat{R}_2 \frac{l - (x + r_2)}{l} - \hat{R}_1 \frac{x - r_1}{l} \qquad (6$$

Aus der letzten Gleichung ist unmittelbar ersichtlich, dass sich die auf verschiedenen Seiten der Stelle CD befindlichen Lasten gegenseitig in ihrer Wirkung beeinträchtigen, dass demnach eine möglichst grosse positive oder negative Verticalkraft nur bei einseitiger Belastung des Trägers entsteht, und zwar, wie ebenso deutlich ist, wenn zugleich möglichst viele und grosse Lasten so aufgebracht sind, dass ihre Mittelkraft nahe an die fragliche Stelle zu liegen kommt.

Für Eisenbahnzüge, welche Systeme concentrirter Lasten darstellen, deren Grösse und gegenseitige Abstände fest gegeben sind, ist nicht ohne Weiteres bestimmt, ob die rein einseitige Belastung oder aber die Annäherung der Mittelkraft an die Stelle CD von grösserer Wirkung ist.

In Fig. 7 ist eine einseitige Belastung angenommen, die vorderste Last $\hat{P}_1$ steht an der Stelle CD. Es ist dann nach der dortigen Bezeichnung

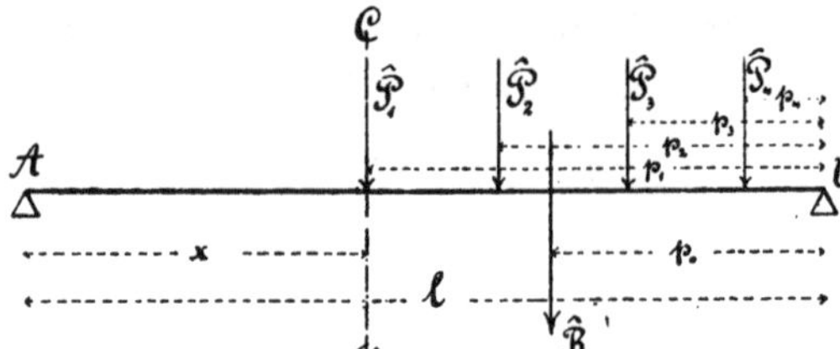

Fig. 7.

$$\hat{A} = \frac{1}{l} (\hat{P}_1 p_1 + \hat{P}_2 p_2 + \hat{P}_3 p_3 \ldots\ldots) = \hat{R} \cdot \frac{p_0}{l} \qquad (7$$

$$\text{und } \hat{V}_k = \hat{A} = \hat{R} \cdot \frac{p_0}{l} \qquad (8$$

Wird die einseitige Belastung aufgegeben, indem das System um die Strecke $(p_1 - p_2)$ nach A hin verschoben wird, so nehmen, falls nicht unterdessen neue Gewichte auf den Träger rücken, der Auflagerdruck und die Verticalkraft die folgenden Werthe an:

$$\hat{A}' = \hat{A} + \frac{p_1 - p_2}{l} \cdot \hat{R} \qquad (9$$

$$\text{und } \hat{V}_k' = \hat{A}' - \hat{P}_1 = \hat{A} + \frac{p_1 - p_2}{l} \cdot \hat{R} - \hat{P}_1 \qquad (10$$

Die Vergleichung von $\hat{V}_k$ und $\hat{V}_k'$ mit einander führt zu dem Schluss, dass die Annäherung der Mittelkraft an die Stelle CD wichtiger ist als das Festhalten an der rein einseitigen Belastung, sobald

$$\frac{p_1 - p_2}{l} \cdot \hat{R} > \hat{P}_1 \qquad (11$$

und dass diese Ungleichung am ehesten erfüllt wird bei Querschnitten in der Nähe des Auflagers, für welche $\hat{R}$ besonders gross ausfällt, und wenn eine kleine Last $(\hat{P}_1)$ in grossem Abstande $(p_1 - p_2)$ vor den übrigen sich befindet.

Rückt während der Verschiebung des Lastensystems um $(p_1 - p_2)$ auch noch eine neue Last $(\hat{P}_\mu)$ über die Stütze B herein und nimmt nach erfolgter Verschiebung den Abstand p'_μ von derselben ein, so entsteht dadurch jedenfalls ein Zuwachs zur Verticalkraft um $\hat{P}_\mu \frac{p'_\mu}{l}$ und die Bedingungsungleichung (11) geht dann in die folgende über:

$$\frac{p_1 - p_2}{l} \cdot \hat{R} + \hat{P}_\mu \frac{p'_\mu}{l} > \hat{P}_1 \qquad (12$$

Das Gesammtresultat der Untersuchungen dieses Paragraphen ist sohin das folgende:

Im Allgemeinen entsteht an irgend einer Stelle des direct belasteten Trägers eine möglichst grosse Verticalkraft, wenn der grössere Trägertheil zwischen jener Stelle und einem Auflager mit vielen und schweren Lasten so besetzt ist, dass ihre Mittelkraft nahe an die fragliche Stelle zu liegen kommt. Sind die ersten Lasten klein und ihre gegenseitigen Abstände gross, so ist in vielen Fällen ein Abgehen von der rein einseitigen Belastung nach Massgabe der Ungleichungen 11 oder 12 angezeigt.

Mit besonderer Rücksicht auf das im § 3 angenommene Betriebsmaterial mag hier bemerkt werden, dass bei der Grösse des vorderen Raddruckes einer Güterzugslocomotive und der Kleinheit seines Abstandes von dem nächstfolgenden, die Erfüllung der Bedingungen 11 oder 12 wohl nie erwartet werden kann, wenn die erste Maschine in normaler Stellung sich befindet.

Erstes Beispiel. Die Schienenstränge eines Bahngeleises sind unmittelbar auf 2 Trägern von 200 dcm Länge aufgelagert und werden von bayerischen Güterzugslocomotiven (Fig. 2) befahren. Bis zu welchem Betrage steigt die Verticalkraft in der Entfernung 40 dcm von der linkseitigen Stütze bei einem derselben?

Nach dem allgemeinen Gesetz ist der rechtseitige Trägertheil zu belasten; geschieht diess durch 2 mit ihren Schornsteinen gegen einander gekehrte Maschinen nach Fig. 8, so hat man, da der Schwerpunkt

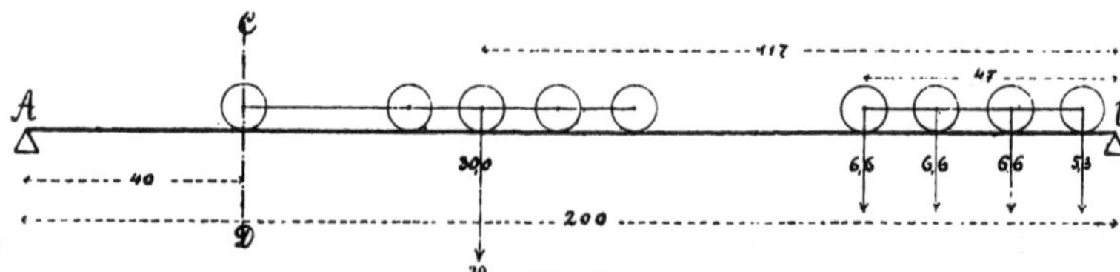

Fig. 8.

einer Maschine fast genau in die 3. Axe fällt, für jeden Träger

$$\hat{A} = \hat{V}_k = 30 \cdot \frac{117}{200} + \frac{1}{200}(6{,}6 \cdot 99 + 5{,}3 \cdot 6) = 20{,}98^{\mathrm{T}}$$

Da $\left(\frac{p_1 - p_2}{l} \cdot \hat{R} = \frac{30}{200} \cdot 55{,}10 = 8{,}26\right) > (\hat{P}_1 = 4{,}9)$ stattfindet, so liefern die eben in Betracht gezogenen 9 Raddrücke in der neuen Stellung (Fig. 9) für sich schon eine grössere Verticalkraft, die

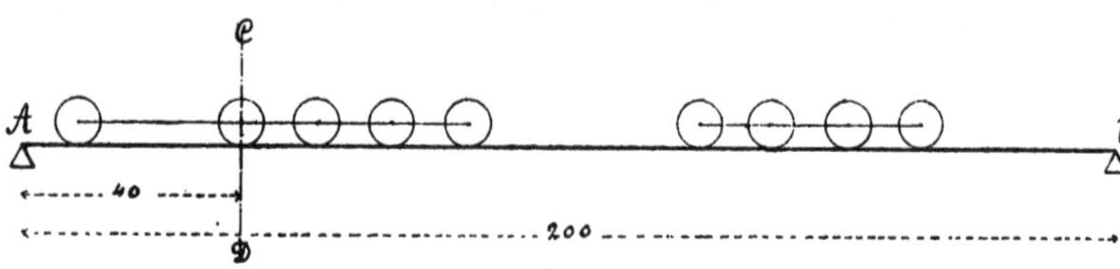

Fig. 9.

noch durch das Erscheinen des Tenderrades der zweiten Locomotive innerhalb der Strecke AB einen Zuwachs erfährt, so dass ihr Gesammtwerth nun

$$\hat{V}_k' = \hat{V}_k + 3{,}36 + 0{,}15 = 24{,}49^{\mathrm{T}} \text{ beträgt.}$$

Wenn die erste Locomotive nicht verkehrt steht, so ist nur ein Belastungsfall (Fig. 10) fraglich, welcher

$$\hat{A}'' = \hat{V}_k'' = 23{,}60^{\mathrm{T}}$$

liefert. Alle sonstigen Belastungsweisen sind augenscheinlich weniger ungünstig, so dass im vorliegenden Falle Max. $\hat{V}_k = 24{,}49^{\mathrm{T}}$.

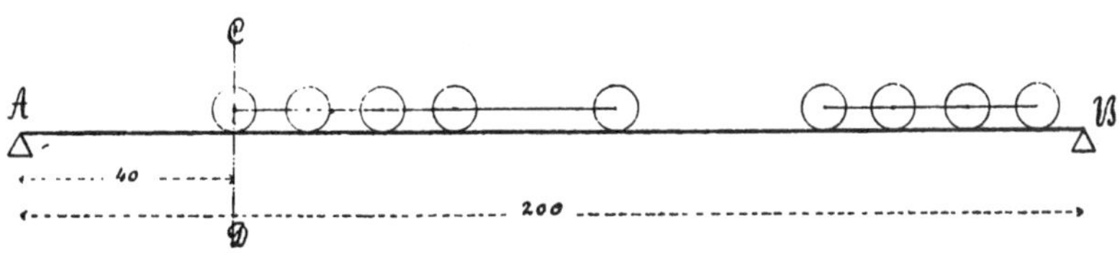

Fig. 10.

Zweites Beispiel. Im vorigen Beispiele ergab sich eine möglichst grosse Verticalkraft, als das 2. Rad eines Bahnzuges am Querschnitt ruhte. Je nach den Axenstellungen und Radbelastungen kann es sich aber in einzelnen Fällen auch treffen, dass mehrere Räder auf den ursprünglich unbelasteten Trägertheil übertreten müssen. So entsteht z. B. eine möglichst grosse Verticalkraft in der Entfernung 70^{dcm} von der linkseitigen Stütze eines 210^{dcm} langen Trägers beim Befahren durch 4fach gekuppelte Lastmaschinen der hessischen Ludwigsbahn, bei der in Fig. 11 gezeichneten Stellung derselben, nämlich

$$\text{Max. } \hat{V}_k = 17{,}14^{\mathrm{T}}$$

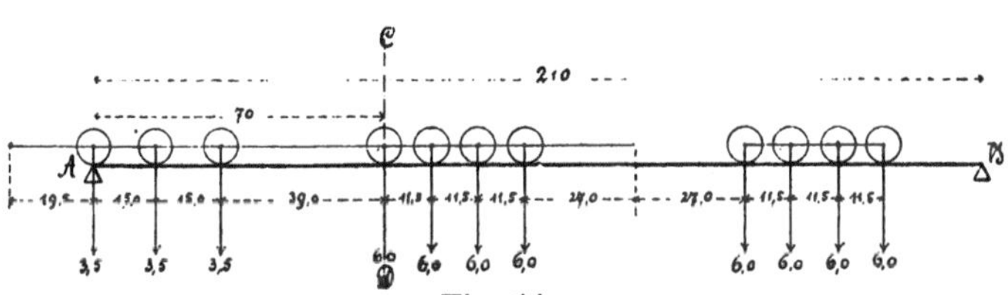

Fig. 11.

Bei der Berechnung von Zahlenbeispielen macht es sich unangenehm bemerkbar, dass die Hebelarme der in den Gleichungen 7 bis 10 vorkommenden Momente für jeden Belastungsfall besonders entnommen werden müssen. Es empfiehlt sich daher, die für alle Fälle constanten Abstände der Axen von einander als Hebelarme einzuführen. (Asimont, Berechnung des Tragebalkens in der Ztschrft. des bayr. A. u.

I. Vereins 1875 und als Separatabdruck, bei Th. Ackermann 1876). Die Gleichung 8 stellt sich dann unter der Form dar

$$l.\hat{A} = \hat{P}_1 p_1 + \hat{P}_2 [p_1 - (p_1 - p_2)] + \hat{P}_3 [p_1 - (p_1 - p_3)] + \dots .$$
$$= \hat{R} . p_1 - [\hat{P}_2 (p_1 - p_2) + \hat{P}_3 (p_1 - p_3) + \dots .]$$

in welcher nur Momente vorkommen, welche von der Spannweite unabhängig sind und für einen gegebenen Normaleisenbahnzug ein für allemal berechnet und in einer Tabelle zusammengestellt werden können, mit deren Hülfe die Summation, sowie die Prüfung der Bedingungen 11 und 12 rasch vorgenommen werden kann.

§ 9. Absolute Maximalverticalkraft. Die Maximalverticalkräfte in den verschiedenen Querschnitten eines auf zwei Unterlagen ruhenden und durch Lastensysteme von bekannter Zusammensetzung direct belasteten Trägers sind verschieden gross. Die grösste unter ihnen, welche absolute Maximalverticalkraft heissen mag, ist vor allen andern von Wichtigkeit für homogene Brückenträger von durchaus constantem Querschnitt. Der Ort, wo sie erscheint, ist leicht anzugeben: Alle auf einer Seite eines bestimmten Querschnittes befindliche Lasten liefern Beiträge von gleichem Vorzeichen zur Bildung der Verticalkraft; je näher ein Querschnitt am Auflager liegt, desto mehr Lasten finden zwischen ihm und dem anderen Auflager Platz, desto höher muss sich die Summe der gleichgerichteten Einzelwirkungen stellen; im Querschnitte dicht am Auflager entsteht folglich die absolute Maximalverticalkraft, oder mit anderen Worten, sie entspricht dem grösstmöglichen Auflagerdruck.

§ 10. Maximalmoment an beliebiger Stelle. Mit Zugrundlegung der Fig. 6 in § 8, welche den Träger durch eine Anzahl concentrirter Lasten in beliebiger Weise beansprucht darstellt, ergibt sich als Moment für den Querschnitt CD in der Entfernung x von A

$$\hat{\mathfrak{M}}_k = \hat{A} . x - \hat{R}_1 r_1$$

oder mit Zuziehung des Auflagerdruckes nach Gleichung 5

$$\hat{\mathfrak{M}}_k = \hat{R}_1 \frac{(l - x)(x - r_1)}{l} + \hat{R}_2 \frac{x[l - (x + r_2)]}{l} \quad (13$$

Nachdem die beiden Glieder dieser Gleichung positiv sind und die Mittelkräfte $\hat{R}_1$ und $\hat{R}_2$ als Factoren besitzen, wächst der Momentenwerth mit der Anzahl und der Grösse der Lasten, welche zu beiden Seiten des betreffenden Querschnittes angebracht werden. Da ferner die Längen r_1 und r_2 subtractiv in den Klammern stehen, so ergibt sich ein um so grösseres Moment, je näher die schwersten der aufgefahrenen Lasten am Querschnitte liegen.

Die Regel, welche hiernach aufgestellt werden kann, birgt einen Widerspruch in sich; da nämlich der gegenseitige Abstand der Mittelkräfte $\hat{R}_1$ und $\hat{R}_2$ als fest gegeben zu betrachten ist, so hat die Verkleinerung der einen von den beiden Grössen r_1 oder r_2 die Vergrösserung der anderen zur Folge, und es ist vorerst nicht zu ersehen, welches Verhältniss derselben zu einander massgebend für das Maximalmoment sein wird.

Es sei nun in Fig. 12 der Träger mit vielen Lasten bedeckt, deren

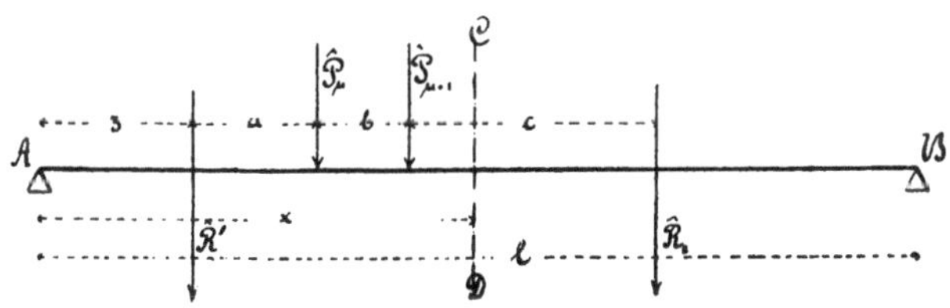

Fig. 12.

schwerste sich um den Querschnitt CD gruppiren. Alle rechtseitigen werden zu der Mittelkraft $\hat{R}_2$ zusammengefasst, desgleichen die linkseitigen nach Ausschluss der dem Querschnitte zunächst befindlichen Lasten $\hat{P}_\mu$ und $\hat{P}_{\mu+1}$ zur Mittelkraft $\hat{R}'$. Die unveränderlichen Abstände dieser 4 Kräfte von einander seien a, b, c und die Entfernung der $\hat{R}'$ von A heisse z, l und x haben die frühere Bedeutung.

Die Auflagerreaction stellt sich jetzt in folgender Form dar

$$\hat{A} = \frac{1}{l}\Big\{\hat{R}'\, l + \hat{P}_\mu (l-a) + \hat{P}_{\mu+1}(l-a-b) + \hat{R}_2 (l-a-b-c) - z\,[\hat{R}' + \hat{P}_\mu + \hat{P}_{\mu+1} + \hat{R}_2]\Big\} \qquad (14$$

und das Moment für CD

$$\mathfrak{M}_k = \frac{1}{l}\Big\{\hat{P}_\mu\, a\,(l-x) + \hat{P}_{\mu+1}(a+b)(l-x) + \hat{R}_2 (l-a-b-c)x + z\,[(\hat{R}' + \hat{P}_\mu + \hat{P}_{\mu+1})(l-x) - \hat{R}_2\, x]\Big\} \qquad (15$$

Von den Gliedern dieser Gleichung ist nur das letzte mit z veränderlich; sein Verhalten beim Verschieben des Lastensystems auf dem

Träger bedingt demnach allein die Aenderung des Momentenwerthes. Fehlt es, wenn nämlich

$$\frac{\hat{R}' + \hat{P}_{\mu} + \hat{P}_{\mu+1}}{x} = \frac{\hat{R}_2}{l-x} \tag{16}$$

stattfindet, so bleibt der Momentenwerth constant während der Verschiebung des Lastensystems.

Findet die Gleichheit (16) nicht statt, so kann es sich treffen, dass

$$\frac{\hat{R}' + \hat{P}_{\mu} + \hat{P}_{\mu+1}}{x} > \frac{\hat{R}_2}{l-x} \tag{17}$$

Dann wächst das Moment mit der Bewegung des Systems gegen B hin und, unter der Voraussetzung, dass nebenbei keine Aenderung der Grössen $\hat{R}'$ und $\hat{R}_2$ eintritt, jedenfalls so lange, bis $\hat{P}_{\mu+1}$ dicht an den Querschnitt CD zu stehen kommt. Mit dem Uebertritt dieser Last auf den rechtseitigen Trägertheil wird die Lastvertheilung eine andere und statt der Gleichung 15 gilt jetzt die folgende:

$$\mathfrak{M}_k' = \text{Constante Glieder} + \frac{z}{l}[(\hat{R}' + \hat{P}_{\mu})(l-x) - (\hat{R}_2 + \hat{P}_{\mu+1})x] \tag{18}$$

Sollte auch jetzt noch der Klammerausdruck positiv sein, so wäre die Verschiebung in dem vorigen Sinne fortzusetzen, bis dabei eine andere Lastvertheilung entstände. Wenn dagegen mit dem Uebertritt der Last $\hat{P}_{\mu+1}$ von links nach rechts die Ungleichung

$$\frac{\hat{R}' + \hat{P}_{\mu}}{x} < \frac{\hat{R}_2 + \hat{P}_{\mu+1}}{l-x} \tag{19}$$

entstanden wäre, so würde der bis dahin angewachsene Momentenwerth bei fortgesetzter Verschiebung wieder eine Abnahme erleiden, so dass die Lage der Last $\hat{P}_{\mu+1}$ im Querschnitt einem Maximalwerthe entsprechen würde.

Hiernach lässt sich das Gesetz wie folgt formuliren:

An irgend einer Stelle eines direct belasteten Trägers nimmt das Angriffsmoment einen möglichst grossen Werth an, wenn die ganze Länge desselben mit möglichst vielen und schweren Lasten bedeckt ist, welche sich um den fraglichen Querschnitt concentriren und ausserdem noch so vertheilt sind, dass zu beiden Seiten desselben gleichviel Belastung auf die Längeneinheit trifft. Ist die letzte Bedingung nicht zu erfüllen (was allerdings gewöhnlich sein wird) so ist jene Last ($\hat{P}_{\mu}$)

in den Querschnitt zu stellen, deren Ueberschreiten desselben das Ueberspringen der Ungleichungen

$$\frac{\hat{R}_1}{x} \gtrless \frac{\hat{R}_2}{l-x} \quad \text{und} \quad \frac{\hat{R}_1 - \hat{P}_\mu}{x} \lesseqgtr \frac{\hat{R}_2 + \hat{P}_\mu}{l-x}$$

in einander zur Folge hat.

Zur vollständigen Darlegung mag hier noch bemerkt werden, dass aus dem Zutreffen der einen oder anderen Bedingung nicht zu weit gehende Schlüsse gezogen werden dürfen. Wenn beispielsweise in einem speziellen Fall eine Lastvertheilung gefunden wäre, welche der Gleichung 16 Genüge leistete, so könnte daraus nichts weiter gefolgert werden, als dass das hierbei auf dem Träger befindliche Lastensystem nicht ungünstiger gegen den fraglichen Querschnitt postirt werden kann; das grösstmögliche Moment aber tritt vielleicht für irgend ein anderes System ein, auch wenn dasselbe jene Bedingung nicht erfüllt.

Beispiel. Wie gross ist das Maximalmoment in der Entfernung 80^{dcm} von der linkseitigen Stütze bei einem 200^{dcm} langen Träger, welchem der eine Strang eines Bahngeleises unmittelbar aufgelagert ist?

Steht der Normalbahnzug bei verkehrter Stellung der ersten Locomotive mit den 10 ersten Axen auf dem Brückengeleise, 5 vor und 5 hinter dem fraglichen Querschnitt, so ist

$$\frac{30}{80} > \frac{30}{120}$$

und deshalb eine Rückwärtsbewegung des Bahnzuges angezeigt. Nach dem Uebertritt der 5. Axe auf den rechtseitigen Trägertheil gilt

$$\left(\frac{23{,}4}{80} = 0{,}292\right) < \left(\frac{36{,}6}{120} = 0{,}305\right)$$

so dass ohne Zweifel die ungünstigste Stellung der ersten 10 Räder durch Fig. 13 gegeben ist, aus welcher

$$\hat{A} = 29{,}70^{\text{T}} \text{ und } \hat{\mathfrak{M}}_k = 1536{,}0^{\text{dcm T}}$$

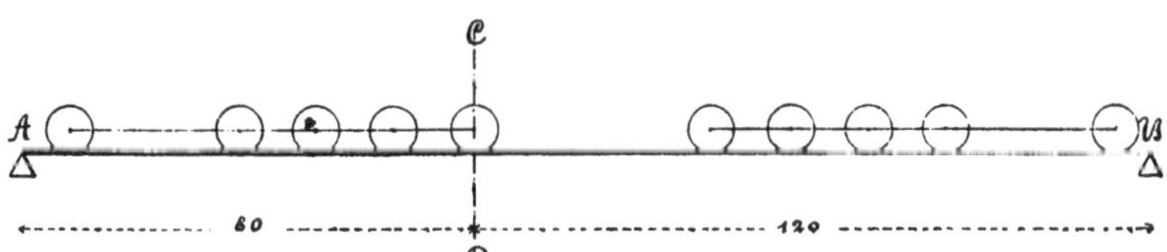

Fig. 13.

sich ergibt. Bei der eben besprochenen Verschiebung des Bahnzugs gegen B hin, trat zuerst ein Wachsen des Momentenwerthes ein, worauf nach dem Uebertritt des 5. Rades eine Abnahme folgte. Diese hält jedoch nicht lange an, weil die unterdessen nahe an B gekommene zehnte Axe alsbald die Brücke verlässt und nun

$$\left(\frac{23{,}4}{80} = 0{,}292\right) > \left(\frac{31{,}7}{120} = 0{,}264\right)$$

gilt. In weiterer Verfolgung gelangt man so zu dem für die 9 ersten Axen ungünstigsten Belastungsfall (Fig. 14), welcher

$$\hat{A} = 25{,}65 \text{ und } \hat{\mathfrak{M}}_k = 1537{,}2$$

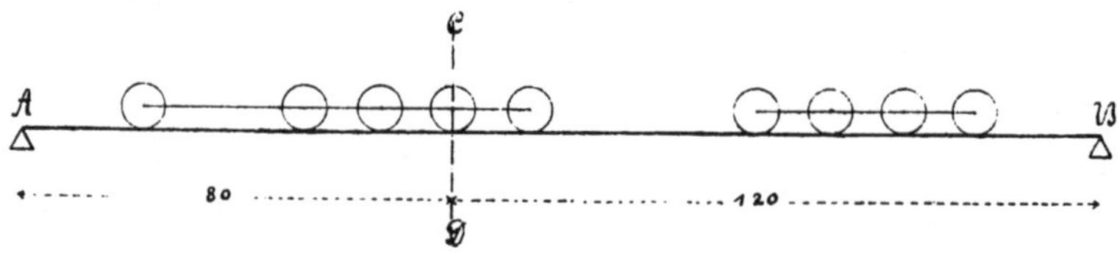

Fig. 14.

liefert, also ein etwas grösseres Moment als der Fall nach Fig. 13, obgleich hier die Gesammtsumme der Raddrücke um 4,9 kleiner ist wie dort.

Instructiv ist auch die Untersuchung der Trägermitte. Da sämmtliche Axen der ersten und zweiten Maschine auf der Brücke Platz finden, so kann die Bedingung (16) erfüllt werden. Es geschieht dies von dem Augenblicke an, da die 5. Axe der 2. Locomotive über das Auflager B tritt, und dauert so lange bis die vorderste Axe des Zuges in A angelangt ist; während dieser Zeit behält das Moment in der Mitte den constanten Werth

$$\hat{\mathfrak{M}}_k = 30{,}0\,(100 - 49) = 1530{,}0^{\text{dcm T}}$$

Rückt der Bahnzug weiter vor, so verlässt die Vorderaxe die Brücke, ein neues Lastensystem tritt in Wirksamkeit, es gilt

$$\left(\frac{25{,}1}{100} = 0{,}251\right) < \left(\frac{30{,}0}{100} = 0{,}300\right)$$

so lange, bis das erste Rad der 2. Maschine die Mitte passirt, dann findet statt

$$0{,}317 > 0{,}234$$

und es ergibt sich nach Fig. 15 der Werth

$$\hat{\mathfrak{M}}_k = 1560{,}0^{\text{dcm T}}$$

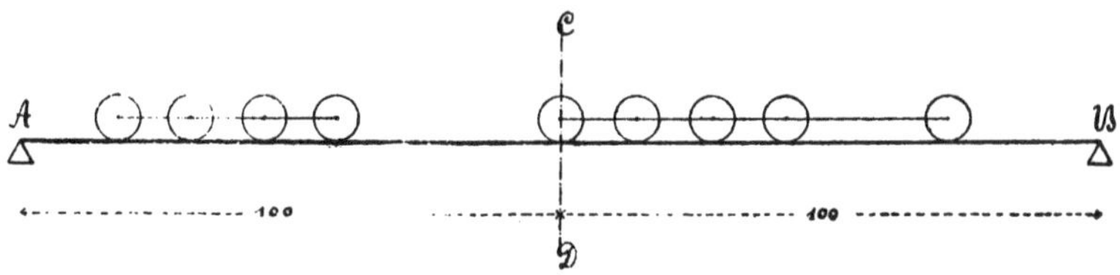

Fig. 15.

Nach dem Obigen steht ein gegebenes Lastensystem hinsichtlich des Momentes dann möglichst ungünstig gegen einen Querschnitt, wenn sich die Summe der links und rechts befindlichen Lasten wie die ihnen zugehörigen Abschnitte verhalten, in welche der Träger durch den Querschnitt zerlegt wird. Theilt man nach Professor Asimont (Ztschft. des bayer. A.- u. I.-Vrns. 1875 u. Separatabdruck) die Trägerlänge proportional zu den gegebenen Lasten ein, so dass mit Bezug auf Fig. 16

$$A, \text{I} : A, \text{II} : A, \text{III} = A, 1 : A, 2 : A, 3$$

so erhält man durch die „Proportionalpunkte" 1 und 2, welche den Träger in die „Bezirke" A 1, 1. 2, 2. B zerlegen, die beiden Querschnitte bezeichnet, für welche die Gleichung (16) erfüllt werden kann. Für alle übrigen Querschnitte kann diess nicht geschehen, weil

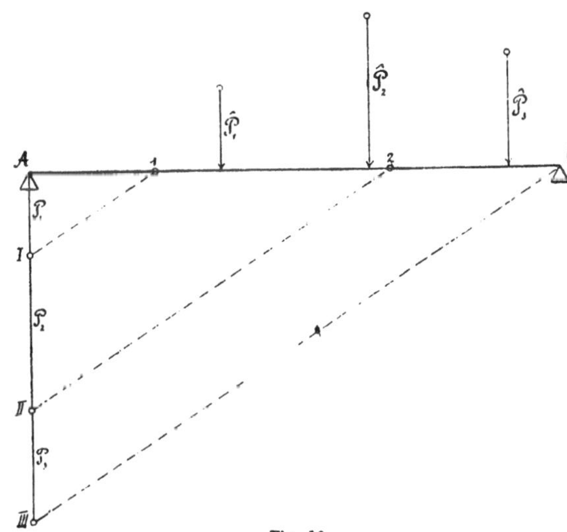

Fig. 16.

die einzelnen Lasten untheilbar sind. Es lässt sich dann nachweisen, dass das gegebene Lastensystem dann am ungünstigsten gegen einen bestimmten Querschnitt steht, wenn die „regierende Last" des Bezirkes, welchem er angehört, gerade bis zu ihm vorgerückt ist. (Diese Last bewirkt eben durch ihren Uebertritt von einem Trägertheil auf den andern das Ueberspringen der bewussten Ungleichungen in einander.)

In dem oben behandelten Beispiele am Schluss ist die Trägermitte ein Proportionalpunkt, wenn die 10 Locomotivenräder das gegebene Lastensystem darstellen, welches deshalb innerhalb der bekannten Grenzen auf dem Träger verschoben werden kann, ohne dass sich der Momentenwerth in der Mitte ändert. Für das aus 9 Rädern bestehende Lastensystem (Fig. 15) fällt der mittlere Querschnitt mit keinem Proportionalpunkt zusammen, er liegt innerhalb eines Bezirkes, für welchen das erste Rad der zweiten Locomotive regierende Last ist.

Weiter ist aus der erwähnten Abhandlung sehr bemerkenswerth, dass bei grösseren Spannweiten (über 330 ^{dcm}), für welche die 3 Locomotiven im Innern eines Lastwagenzuges gedacht werden, statt dessen eine durchgreifende gleichmässig vertheilte Last von 0,308 Tonnen per laufenden Decimeter mit 12 concentrirten Ueberlasten in den 4 Vorderaxen der Locomotiven wirkend, angenommen wird. Die Untersuchung der Maximalmomente vereinfacht sich hierdurch sehr merklich, weil dieses System von 12 concentrirten Lasten das einzige ist, welches in Betracht gezogen zu werden braucht, indem beim Verrücken desselben wohl kaum jemals einer der concentrirten Drücke den Träger verlässt und neue Lasten ohnehin nicht hinzukommen können.

Die allgemeine Gleichung der Maximalmomente nach § 11

$$\text{Max. } \hat{\mathfrak{M}}_k = \hat{R}\,\frac{x\,(l - x - r)}{l} - \hat{R}_1 r_1$$

$$\text{oder Max. } \hat{\mathfrak{M}}_k = \hat{R}\,\frac{x(l - x)}{l} - \hat{R}\left[r \cdot \frac{x}{l} + \frac{\hat{R}_1}{\hat{R}} \cdot r_1\right]$$

geht, wenn die Abcisse des Proportionalpunktes am Anfange des Bezirks, in welchem der zu untersuchende Querschnitt liegt, mit d bezeichnet wird, da dann

$$\hat{R}_1 : \hat{R} = d : l$$

in die folgende über

$$\text{Max. } \hat{\mathfrak{M}}_k = \hat{R}\,\frac{x(l - x)}{l} - \hat{R}\left[r \cdot \frac{x}{l} + \frac{d}{l} \cdot r_1\right]$$

Der erste Theil dieser Gleichung stellt nichts anderes vor, als das Moment, welches die 12 Ueberlasten, im Querschnitt concentrirt, hier hervorrufen würden, und lässt sich leicht in jedem speziellen Falle berechnen. Der andere Theil, das „negative Polygon“ genannt, kann ebenfalls in einfacher Weise bestimmt werden, weil es sich immer nur um dieselben 12 Lasten handelt, ja dasselbe lässt sich sogar im voraus tabellarisch bestimmen, da die Spannweite l ohne Einfluss auf seinen Werth ist. Theilt man eine beliebige Spannweite proportional zu den 12 Ueberlasten ein und berechnet den negativen Klammerausdruck für die Theilungspunkte, für welche $\frac{x}{l} = \frac{d}{l}$, also $\hat{R}\left[r \cdot \frac{x}{l} + \frac{d}{l} \cdot r_1\right] = \frac{d}{l}\,\hat{R}\,(r + r_1) = \hat{R}_1\,(r + r_1)$ ist, so erhält man ein Polygon, welches die Werthe des Klammerausdruckes für beliebige x abgreifen oder aus den Ordinaten der Ecken ableiten lässt. Diese Darstellung kann für alle grösseren Spannweiten benützt werden, weil für gleiche Proportionalpunkte verschieden langer Träger Gleiches erhalten wird.

§ 11. Absolutes Maximalmoment. Im vorigen Paragraphen ist gezeigt worden, dass das Maximalmoment an irgend einer Stelle des Trägers bei voller Belastung entsteht, wenn zugleich eine Last an dieser Stelle sich befindet; denn auch in dem Falle, da die Trägerabschnitte proportional ihrer Länge belastet sind, kann ein Raddruck ohne Abänderung des Momentenwerthes bis in den Querschnitt gerückt werden. Das in der Nähe der Trägermitte zu suchende absolute Maximalmoment ist demnach wie jedes Maximalmoment durch die Gleichung

$$\text{Max.}\ \hat{\mathfrak{M}}_k = \hat{R}\,\frac{(l - x \mp r)x}{l} - \hat{R}_1\,r_1 \tag{20}$$

repräsentirt, in welcher R die Summe aller auf dem Träger befindlichen, $\hat{R}$, die Summe der linkseitigen Lasten und r wie r_1 den Abstand derselben vom fraglichen Querschnitte darstellen.

Der geometrische Ort dieser Gleichung zwischen den rechtwinkligen Coordinaten $\hat{\mathfrak{M}}$ und x ist eine Parabel; die Maximalmomente werden durch eine Folge von Parabelbögen dargestellt. Je näher ein Querschnitt der Trägermitte liegt, desto näher liegt das ihm zugehörige Parabelstück der Scheitelgegend und das absolute Maximalmoment ist die Scheitelordinate eines Parabelstückes. Der Ort desselben ergibt sich aus der Differentialgleichung

$$d(\text{Max. } \hat{\mathfrak{M}}_k) = \frac{\hat{R}}{l} (l - 2x \mp r)\, d\, x = 0 \tag{21}$$

zu

$$x_0 = \frac{l \mp r}{2} \tag{22}$$

und der Werth des absoluten Maximalmomentes nach Vereinigung der Gleichungen 20 und 22

$$\text{Absol. Max. } \hat{\mathfrak{M}}_k = \hat{R}\, \frac{(l \mp r)^2}{4\, l} - \hat{R}_1\, r_1 \tag{23}$$

Nach Gleichung 22 halbirt die Trägermitte den Abstand des gefährlichen Querschnitts, in welchem das absolute Maximalmoment erscheint, und der Mittelkraft $\hat{R}$ aller auf dem Träger befindlichen Lasten. Es fragt sich nur noch, mit dem Angriffspunkte welches Rades der gefährliche Querschnitt zusammenfallen wird. Bei der Lage desselben in der Nähe des mittleren Querschnittes wird man zuerst das Maximalmoment für diesen aufsuchen und jenes Rad, welches hierbei in die Mitte zu stehen kommt, als dasjenige ansehen, welches bei der dann vorzunehmenden Verschiebung das absolute Maximalmoment erzeugt.

Beispiel. Wenn die Räder unmittelbar über 2 gewalzte Träger von $60^{\text{d cm}}$ Länge rollend angesehen werden dürfen, so entsteht das grösstmögliche Moment in deren Mitte, wenn eine Güterzugsmaschine mit ihrem 2. Rade bis zu derselben vorgerückt ist, nämlich

$$\hat{\mathfrak{M}}_k = \hat{A} \,.\, 30 - 6{,}6 \,.\, 14 = 212{,}55^{\text{dcm T}}$$

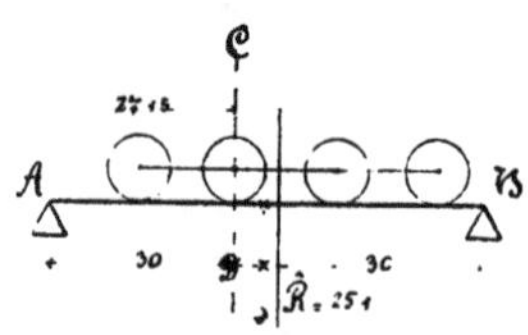

Fig. 17.

Die Scheitelordinate des dem 2. Raddrucke zugehörigen Parabelstückes liegt um $\frac{r}{2} = \frac{5{,}70}{2} = 2{,}85$ vor der Trägermitte und sie ergibt sich nach Fig. 17 aus der Gleichung

$$\text{Abs. Max. } \hat{\mathfrak{M}}_k = \frac{25{,}10}{60} (30{,}00 - 2{,}85)^2 - 6{,}6 \,.\, 14 = 215{,}96^{\text{dcm T}}$$

b) Der Träger ist durch Vermittlung von Zwischengliedern belastet.

Die bisher gemachten Voraussetzungen treffen nur für einen kleinen Theil der Eisenbahnbrücken zu, in den meisten Fällen werden die Angriffe der Verkehrslasten von Zwischengliedern aufgenommen und auf bestimmte Stellen der Hauptträger übergeführt. Diese Stellen sind immer dieselben, welche Lage auch die Lasten auf der Brücke einnehmen mögen, nur die Grösse der an ihnen auftretenden Kräfte ändert sich mit der Laststellung.

Die Anordnung der Zwischenglieder kann auf verschiedene Weise geschehen, doch soll die sofort zu beschreibende als die weitaus gebräuchlichste den späteren Untersuchungen zu Grunde gelegt werden: Zu beiden Seiten des Geleises liegen (Fig. 18 als Querschnitt) zwei Tragwände, zwischen welchen senkrecht zu ihrer Längsrichtung und in bestimmten, gewöhnlich gleichen Abständen von einander die sogenannten Querträger angebracht sind, die wiederum kleinen, unter den Schienensträngen hinlaufenden Längsträgern zum Auflager dienen.

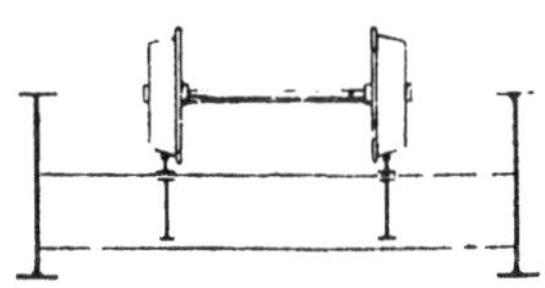

Fig 18.

Wenn auch die Befestigung all dieser Träger an einander durch Nieten geschieht, so kann doch nicht verhütet werden, dass im belasteten Zustande derselben das Element der Biegungscurve an der Befestigungsstelle mehr oder weniger von der Horizontalen abweicht. Als fest eingespannt können deshalb die Trägerenden nicht angesehen werden, ein Mittelzustand zwischen Einspannung und freier Auflagerung liesse sich etwa noch geltend machen, doch geschieht auch diess nicht, sondern es ist allgemein üblich, alle Zwischenträger, so wie die Haupttragwände mit ihren Enden frei aufruhend anzusehen. Die Querträger besitzen jedenfalls nur zwei Stützpunkte, dasselbe ist gewöhnlich auch bei den kleinen Längsträgern der Fall, indem sie nur von einem Querträger zum anderen reichen; seltener gehen sie continuirlich über mehrere derselben weg.

§ 12. Maximalverticalkraft eines Feldes. Da die Angriffe auf die Brückenträger ausschliesslich in den Befestigungsstellen der Querträger concentrirt sind, so ändert sich die Verticalkraft auch nur hier, und zwar sprungweise; sie ist in jedem Belastungsfall constant zwischen 2 Querträgern, innerhalb eines Feldes. Die Aufgabe geht dahin, festzustellen, unter welchen Bedingungen die Verticalkraft eines Feldes möglichst gross ausfällt.

Es sei wieder AB in Fig. 19 der eine von den beiden Brückenträgern, zwischen welchen $(\nu + 1)$ Querträger in den gleichen Entfernungen d befestigt sind, so dass die Spannweite $l = \nu \, . \, d$ wird. Im μ^{ten} Feld, zwischen dem μ^{ten} und $(\mu + 1)^{\text{ten}}$ Querträger stehe im Abstande a von dem ersteren eine Axe vom Gewicht $2 \hat{P}$ auf dem Geleise. Bei der vorausgesetzten Anordnung wird dasselbe von den beiden kleinen Längsträgern aufgenommen, welche die Schienenstränge im fraglichen Felde unterstützen und von Querträger zu Querträger reichen sollen. Jeder derselben drückt die Querträger beziehungsweise mit

$$\hat{A}_1 = \hat{P} \, . \, \frac{d - a}{d} \tag{24}$$

$$\hat{B}_1 = \hat{P} \, . \, \frac{a}{d} \tag{25}$$

so dass diese, symmetrisch zu ihrer Mitte gleich stark belastet, dieselben Drücke auf die Hauptträger überführen, die demnach durch je 2 concentrirte Kräfte nach Fig. 19 beansprucht erscheinen. Es ergibt sich dann als Auflagerdruck

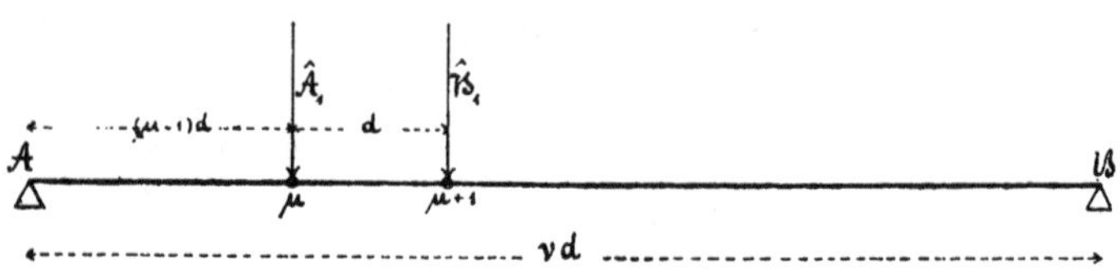

Fig. 19.

$$\hat{A} = \frac{1}{\nu \, d} \left[\hat{A}_1 \, (\nu - \mu + 1) \, d + \hat{B}_1 \, (\nu - \mu) \, d \right] =$$

$$= \hat{P} \, \frac{(\nu - \mu + 1) \, d - a}{\nu \, d} \tag{26}$$

als Verticalkraft in sämmtlichen Querschnitten der $(\mu - 1)$ unbelasteten Felder

$$\hat{V}'_k = \hat{A} = \hat{P} \, . \, \frac{(\nu - \mu + 1) \, d - a}{\nu \, d} \tag{27}$$

als Verticalkraft des belasteten Feldes

$$\hat{V}_k'' = \hat{A} - \hat{A}_1 = \hat{P}\,\frac{(\nu - 1)\,a - (\mu - 1)\,d}{\nu\,d} \tag{28}$$

endlich für die in den, auf das μ Feld folgenden Feldern constante Verticalkraft

$$\hat{V}'''_k = \hat{A} - \hat{A}_1 - \hat{B}_1 = -\,\hat{P}\,\frac{(\mu - 1)\,d + a}{\nu\,d} \tag{29}$$

Aus diesen Gleichungen 26 bis 29 ergeben sich erwünschte Anhaltspunkte:

1) Der Auflagerdruck $\hat{A}$ (Gleichung 26) bei Belastung des Hauptträgers durch Vermittlung von Zwischenträgern ist ebenso gross, wie jener, welcher bei unmittelbarer Belastung entsteht, was selbstverständlich ist, nachdem $\hat{A}_1$ und $\hat{B}_1$ Componenten von $\hat{P}$ sind. Es kann demnach der Auflagerdruck des Brückenträgers ohne Rücksicht auf die Art der Uebertragung der äusseren Angriffe berechnet werden.
2) Eine in irgend einem Felde thätige Einzellast ruft in allen vorangehenden Feldern des Hauptträgers gleich grosse, nach aufwärts gerichtete Verticalkräfte hervor, um so grösser je grösser die Last ist und je näher sie dem linkseitigen Querträger ihres Feldes rückt.
3) Nach Gleichung 28 herrscht im belasteten Felde des Hauptträgers eine Verticalkraft im Sinne der Auflagerreaction, wenn der Angriffspunkt der Einzellast in einer Entfernung $a > \frac{\mu - 1}{\nu - 1}\,d$ vom μ^{ten} Querträger entfernt liegt; ist $a = \frac{\mu - 1}{\nu - 1}\,d$, d. h. $\hat{A} = \hat{A}_1$, so ist die Verticalkraft des Feldes Null, und sie ist der Auflagerreaction entgegengesetzt, sobald $a < \frac{\mu - 1}{\nu - 1}\,d$. Ausserdem ist zu ersehen, dass für den Fall $a > \frac{\mu - 1}{\nu - 1}\,d$ die Verticalkraft mit der Annäherung des Lastangriffspunktes an den $(\mu + 1)^{\text{ten}}$ (rechtseitigen) Querträger wächst.

Die Gleichung $a = \frac{\mu - 1}{\nu - 1}\,d$, durch welche eine interessante

Stelle des Feldes bezeichnet wird, lässt sich auch in der Form $\frac{(\mu - 1) d + a}{\nu d} = \frac{a}{d}$ schreiben; es wird demnach durch sie Feld und Träger in gleichem Verhältnisse getheilt.

4) Die Verticalkraft in allen auf das belastete Feld folgenden Feldern ist nach Gleichung 29 durchaus der Auflagerreaction $\hat{A}$ entgegengesetzt.

Es steht hiernach schon so viel fest, dass im Allgemeinen die Verticalkraft im μ^{ten} Felde einen möglichst hohen positiven Werth erreicht, wenn zwischen dem durch $a = \frac{\mu - 1}{\nu - 1} d$ bezeichneten Querschnitt und dem rechtseitigen Auflager B möglichst viele Lasten aufgestellt werden, von ihnen die schwersten und einander zunächst liegenden in der Nähe des rechtseitigen Querträgers und eine derselben, wenn möglich, gerade über demselben.

Auf gleiche Weise sind die linkseitigen Trägertheile zu belasten, um negative Maxima zu erzeugen.

Wie früher beim direct belasteten Träger so ist auch hier noch eine Specialuntersuchung zu machen: Ist das Lastensystem von rechts herein bis zur Stelle $a = \frac{\mu - 1}{\nu - 1} d$ im μ^{ten} Feld vorgerückt, so tragen alle Raddrücke im gleichen Sinne zur Bildung der Verticalkraft bei. Es steht dabei im Allgemeinen noch keine Last auf dem rechtseitigen $(\mu + 1)^{\text{ten}}$ Querträger. Wird jetzt, um diess zu erreichen, das System um ein Stück weiter nach A geschoben, so werden alsbald eine oder mehrere Lasten die durch a gegebene Stelle überschreiten, die rechts vom fraglichen Felde befindlichen Lasten näher an dessen rechtseitigen Querträger heranrücken und vielleicht auch neue Lasten über B herein zu den vorigen sich gesellen. Die Folge davon ist einerseits eine Minderung, anderseits eine Mehrung des vorigen Werthes der Verticalkraft; fraglich ist es, ob diese oder jene bedeutender ist.

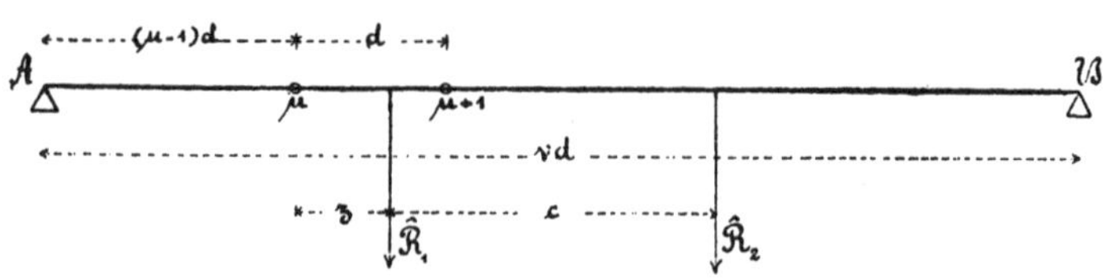

Fig. 20.

Um eine Bedingungsgleichung hierfür zu erhalten, werde in Fig. 20 eine für die Stelle $a = \frac{\mu - 1}{\nu - 1} d$ einseitige Belastung gedacht, auf dem rechtseitigen Querträger des μ^{ten} Feldes vorerst noch keine Last. $\hat{R}_1$ sei die Mittelkraft der hierbei im belasteten Felde stehenden Lasten und $\hat{R}_2$ jene aller übrigen rechts vom Felde befindlichen. Heisst noch c der Abstand der beiden Mittelkräfte und die Entfernung der $\hat{R}_1$ vom Anfang des Feldes z, so stellt sich die Stützenreaction bei A unter folgender Form dar:

$$\hat{A} = \hat{R}_1 \frac{(\nu - \mu + 1) d - z}{\nu d} + \hat{R}_2 \frac{(\nu - \mu + 1) d - z - c}{\nu d} =$$

$$= R_1 \frac{\nu - \mu + 1}{\nu} + R_2 \frac{(\nu - \mu + 1) d - c}{\nu d} - z \cdot \frac{\hat{R}_1 + \hat{R}_2}{\nu d} \tag{30}$$

und die Verticalkraft des μ^{ten} Feldes

$$\hat{V}_k = \hat{A} - \hat{R}_1 \frac{d - z}{d} = \hat{R}_2 \frac{(\nu - \mu + 1) d - c}{\nu d} - \hat{R}_1 \frac{\mu - 1}{\nu} +$$

$$+ z \cdot \frac{(\nu - 1) \hat{R}_1 - \hat{R}_2}{\nu d} \tag{31}$$

Bei Belastung des rechtseitigen Trägertheils ist dieses $\hat{V}_k$ jedenfalls positiv, es wächst also durch eine Verschiebung gegen B hin, wenn

$$(\nu - 1) \hat{R}_1 > \hat{R}_2 \tag{32}$$

Diess dauert unter der Voraussetzung, dass $\hat{R}_2$ hierbei constant bleibt, so lange, bis eine Last auf den $(\mu + 1)^{\text{ten}}$ Querträger gerückt ist. Würde mit dem Uebertritt derselben die Ungleichung

$$(\nu - 1) (\hat{R}_1 - \hat{P}) < \hat{R}_2 + \hat{P} \tag{33}$$

erscheinen, so müsste $\hat{P}$ auf den rechtseitigen Querträger gestellt werden. Wäre von vorneherein

$$(\nu - 1) \hat{R}_1 < \hat{R}_2$$

gewesen, so wäre von vorneherein eine Verschiebung gegen A hin angezeigt gewesen, bis mit dem Uebertritt einer Last in das fragliche Feld eine Umkehrung der Ungleichung bewirkt worden wäre. Dabei ist stets zu beachten, ob während der Verschiebung nicht Räder von der Brücke abgehen oder neue zu den früheren hinzukommen. Sollte dies geschehen, so müsste zuerst die neue Gleichung für $\hat{V}_k$ angeschrieben und für diese die gleichen Untersuchungen vorgenommen werden.

Es ist bisher angenommen worden, dass bei keinem der für die Maximalverticalkraft in Betracht kommenden Belastungsfälle ein Rad links von dem zu untersuchenden Felde zu stehen komme, dass man es nur mit 2 Partieen Lasten, repräsentirt durch $\hat{R}_1$ und $\hat{R}_2$ zu thun habe. In einzelnen Fällen kann es sich aber doch treffen, dass eine in grösserem Abstande vorausstehende Last $\hat{P}_1$ vor den linkseitigen Querträger zu liegen kommt; dann ändert sich die Ungleichung (32) einfach in die folgende:

$$(\nu - 1)\,\hat{R}_1 \gtrless (\hat{R}_2 + \hat{P}_1) \tag{34}$$

B e i s p i e l. Für die Hauptträger einer Eisenbahnbrücke von 200^{dcm} Spannweite mit den gleichen Felderweiten von 20^{dcm} die Maximalverticalkraft im ersten und fünften Felde zu bestimmen.

Es ist hier $v = 10$ und für das erste Feld $a = 0$

Den Normalbahnzug mit verkehrt stehender erster Locomotive so weit vorgeschoben, dass die erste Axe nicht mehr auf das Brückengeleis, die 2. und 3. Axe in's erste Feld treffen, dann ist

$$\left[(\nu - 1)\,\hat{R}_1 = 9\,.\,11{,}9 = 107{,}1\right] > \left[\hat{R}_2 = 6{,}6 + 6{,}6 + 30{,}0 + 6{,}6 = 49{,}8\right]$$

und eine Verschiebung nach B angezeigt. Nachdem die 3. Axe das erste Feld verlassen hat, gilt

$$\left[(\nu - 1)\,\hat{R}_1{}' = 9\,.\,5{,}3 = 47{,}7\right] < \left[\hat{R}_2 = 6{,}6 + 6{,}6 + 6{,}6 + 30{,}0 = 49{,}8\right]$$

Die 3. Axe ist über den 2. Querträger zu stellen, wobei dann

$$\hat{A} = 33{,}85^{T} \text{ und } \hat{V}_k = 30{,}4^{T}$$

Neben dem soeben betrachteten Bahnzug verkehren auch andere mit lauter normal gestellten Maschinen an der Spitze. Ist ein solcher mit den beiden ersten Axen in's erste Feld getreten, so gilt

$$\left[(\nu - 1)\,\hat{R}_1 = 9\,.\,13{,}2 = 118{,}8\right] > \left[\hat{R}_2 = 6{,}6 + 5{,}3 + 4{,}9 + 30{,}0 = 46{,}8\right]$$

und auch wenn nur eine Axe im ersten Felde ruht, ist

$$\left[(\nu-1)\hat{R}_1' = 9 \,.\, 6{,}6 = 59{,}4\right] > \left[\hat{R}_2 = 23{,}4 + 30{,}0 = 53{,}4\right]$$

Es ist demnach der Bahnzug gerade bis zum 2. Querträger zu schieben. Hiebei erreicht die Verticalkraft, nachdem die letzte Axe der 2. Maschine den Träger verlassen, den Werth

$$\hat{A}' = \hat{V}'_k = 29{,}11^{T}$$

folglich ist die erstere Zusammenstellung der Locomotiven für das erste Feld die gefährlichste.

5. Feld.

$$a = \frac{\mu - 1}{\nu - 1}\, d = \frac{4}{9}\, d = 8{,}88^{dcm}$$

Steht die erste Maschine wieder verkehrt, so ist eine ungenügende Concentration der Lasten um den rechtseitigen Querträger vorhanden, wenn die Stelle $a = 8{,}88$ nicht überschritten wird. Geschieht diess, so gilt beim Vorrücken der 2. Axe in's Feld

$$\left((\nu - 1)\, \hat{R}_1 = 9 \,.\, 5{,}3 = 47{,}7\right) > \left(\hat{R}_2 + \hat{P} = 33{,}0 + 4{,}9 = 37{,}9\right)$$

und nachdem diese bis zum rechtseitigen Querträger zurückgezogen ist,

$$\hat{A} = 13{,}71^{T} \text{ und } \hat{V}_k = \hat{A} - 4{,}9 = 8{,}81^{T}$$

Rückt ein Zug vor, dessen erste Maschine mit dem Rauchfang nach vorn gewendet ist, und ist die erste Axe bis nahe an die Stelle $a = \frac{4}{9}\, d$ gekommen, so findet statt

$$\left[(\nu - 1)\, \hat{R}_1 = 9 \,.\, 6{,}6 = 59{,}4\right] > \left[\hat{R}_2 = 23{,}4\right]$$

Das 5. Feld ist dem entsprechend zu räumen und die gefährlichste Belastung ergibt sich bei der Lage der Vorderaxe über dem rechtseitigen Querträger, wofür sich

$$\hat{A}' = \hat{V}'_k = 10{,}80^{T}$$

berechnet. —

Sehr zweckmässig ist wieder ein von Professor Asimont angewendetes Verfahren. Auf Seite 16 oben ist schon die Gleichung für die Auflagerreaction unter der Form

$$l \,.\, \hat{A} = \hat{R} \,.\, p_1 - \left[\hat{P}_2\,(p_1 - p_2) + P_3\,(p_1 - p_3) + \cdots\right]$$

angeführt und besprochen worden, wie bequem sich dieselbe mit Hülfe von Tabellen berechnen lasse. Nach Gleichung 31 stellt sich die Maximalverticalkraft eines Feldes als Differenz zweier Auflagerdrücke dar, es lässt sich also auch der Subtrahend nach derselben Tabelle berechnen; er gilt für eine Spannweite $d = \frac{l}{\nu}$.

Wird über der Spannweitc $A\,B = l$ für jede Abscisse x jenes $\hat{A}$ als Ordinate aufgetragen, welches sich ergibt, wenn der Bahnzug die Strecke $(l - x)$ überdeckt, so wird ein von B gegen A hin ansteigendes Polygon erhalten. Ein ähnliches Polygon ergibt sich, wenn für jedes Feld als Spannweite für sich die Construction durchgeführt wird.

Die Differenz der beiden Polygonordinaten entspricht der Verticalkraft und die Maximalverticalkraft stellt sich dort dar, wo die zuerst vorhandene Divergenz der Seiten in Convergenz übergeht.

§ 13. Maximalmoment in den Knotenpunkten. Sobald die Brückenträger durch die Verkehrslasten nur in den Befestigungsstellen der Querträger beansprucht werden können, ergeben sich die Momente in den Knotenpunkten, am Anfang und Ende eines Feldes, ebenso gross, als wenn die Belastung direkt erfolgte. Es hat diess denselben Grund, weshalb auch die Grösse des Auflagerdruckes unabhängig von der Art der Kraftübertragung ist. Bei Bestimmung der grösstmöglichen Momente in den Knotenpunkten wird deshalb ohne Rücksicht auf die vorhandenen Zwischenträger ganz nach den Regeln des § 10 verfahren.

Für die Momente in den Querschnitten zwischen den Knotenpunkten kann diess nicht geschehen. Da dieselben jedoch nur von untergeordneter Bedeutung für die Construction sind, so unterbleibt hier eine besondere Untersuchung über dieselben.

2) Maximalwerthe von Verticalkraft und Moment durch die Verkehrslasten der Steinstrassenbrücken hervorgerufen.

(Max. $\hat{\mathfrak{V}}_k$, Max. $\hat{\mathfrak{M}}_k$)

§ 14. Kleine Spannweiten bis ca. 70^{dcm} Für Brücken, welche gewöhnliche Landstrassen tragen, ändern sich die Belastungsverhältnisse wesentlich mit der Spannweite. Bei kleinen Weiten (bis ca. 70^{dcm}) werden die Brückenträger gewöhnlich unmittelbar durch die Verkehrslasten beansprucht und es kommen für sie nur die concentrirten Raddrücke der in § 3 beschriebenen Normallastwägen in Betracht, da diese ohne Zweifel grössere Momente und Verticalkräfte hervorrufen, als das gleichmässig vertheilte Gewicht einer sich drängenden Menschenmenge. Theoretisch genommen, müsste zwar letzteres insofern auch berücksichtigt werden, als der hinter dem Wagen frei bleibende Raum noch mit Menschen besetzt sein könnte. Derselbe ist aber selbst bei einer Spannweite von 70^{dcm} höchstens 15^{dcm} lang, so dass weder die Verticalkraft noch das Moment wesentlich grösser durch Besetzung desselben werden.

Nach den früheren Entwickelungen entsteht also die absolute Maximalverticalkraft, wenn ein Rad gerade am Auflager ruht, und das absolute Maximalmoment entweder, wenn ein solches bis zur Trägermitte vorgerückt ist, wofür sich dann

$$\text{Abs. Max. } \mathfrak{M}_k = \frac{\hat{P} \cdot l}{4} \tag{35}$$

ergibt, oder wenn die beiden Räder so postirt sind, dass das eine derselben und die Schwerlinie beider symmetrisch zur Trägermitte stehen. Das Moment im Angriffspunkte des der Mitte zunächst befindlichen Rades ist dann das gewünschte

$$\text{Abs. Max. } \mathfrak{M}_k = \frac{2\hat{P}}{l}\left(\frac{l}{2} - \frac{d}{4}\right)^2 \tag{36}$$

§ 15. Mittlere Spannweiten bis ca. 300^{dcm} Werden die Spannweiten beträchtlicher, dass ein Wagen sammt Gespannen oder mehrere Wägen hinter einander auf der Brücke Platz finden, so wird ebenfalls immer eine Axe im Querschnitt ruhen müssen, wenn es sich um das Maximum einer Verticalkraft oder eines Momentes handelt, weil die Wägen eine stärkere Lastconcentration gegen den Querschnitt gewähren, als das gleichmässig vertheilte Gewicht von Fussgängerschwärmen. Ausserdem ist der eine Trägertheil, oder beziehungsweise der ganze Träger noch möglichst schwer zu belasten; diess geschieht aber, wenn Fahrzeuge und Fussgänger auf der Brücke zusammentreffen. Dabei ist es gleichgültig, ob die Belastung als eine directe oder indirecte anzusehen ist. Das grösste Moment, welches beispielsweise für die Mitte eines 100^{dcm} langen Trägers, auf welchem ein Fahbahnstreifen von 27,5^{dcm} (die halbe Fahrbahnbreite) ruht, durch den Normallastwagen (Fig. 4) allein hervorgerufen werden kann, tritt ein, sobald ein Rad desselben bei dieser Stelle angelangt ist. Ein noch grösseres Moment wird sich ergeben, wenn auf der Strecke vom Auflager bis zum Wagen statt des Gespannes eine drängende Menschenmenge angenommen wird, wie es geschehen kann, wenn der Wagen von links nach rechts fahrend mit der Hinteraxe in der Trägermitte angelangt ist; das vorhin in der Entfernung 35^{dcm} vom betrachteten Querschnitt vorhandene concentrirte Gewicht von 0,6^{T} ist nun ersetzt durch eine gleichmässig vertheilte Last 30 . 27,5 . 0,0035 = 2,89^{T}, deren Schwerpunkt ebenfalls um 35^{dcm} von der Brückenmitte absteht. Für die Verticalkräfte gibt oft eine solche streckenweise Bedeckung der Fahrbahn mit Menschen den Ausschlag, selbst wenn damit die einseitige Belastung aufgegeben werden müsste. Handelt es sich z. B. um die grösstmögliche Verticalkraft in der Entfernung 50^{dcm} vom linkseitigen Auflager bei einem 150^{dcm} langen und oben 27,5^{dcm} breiten Träger, so sind nach dem, was früher über die Maximalverticalkraft entwickelt wurde, nur die in den Figuren 21—23 dargestellten Belastungsfälle in Betracht zu ziehen.

Dieselben liefern der Reihe nach

$$\hat{V}' = 6{,}72^{T},\ \hat{V}'' = 7{,}19^{T},\ \hat{V}''' = 3{,}21^{T}$$

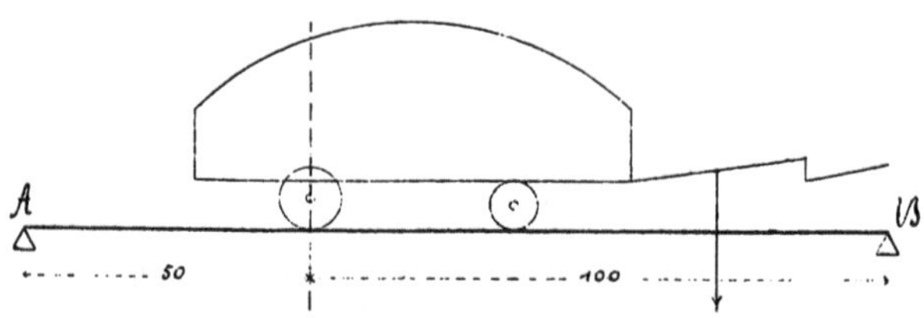

Fig. 21.

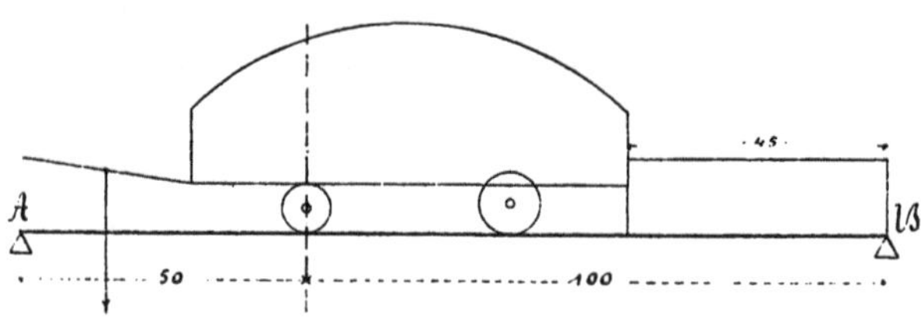

Fig. 22.

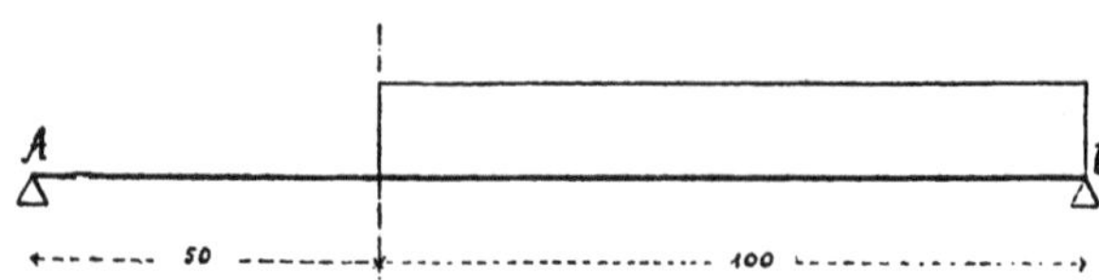

Fig. 23.

Wünscht man auch bei Spannweiten mittlerer Grösse das absolute Maximalmoment zu wissen, welches jedenfalls in der Nähe der Trägermitte im Angriffspunkte eines concentrirten Raddruckes zu suchen ist, so braucht man nur die Momentengleichung für diesen Angriffspunkt allgemein herzustellen und dann wie früher die Scheitelordinate des ihm zugehörigen Parabelbogens zu bestimmen. Für Spannweiten, bei welchen sich die durch Fig. 24 dargestellten Belastungsfälle ergeben, ist z. B.

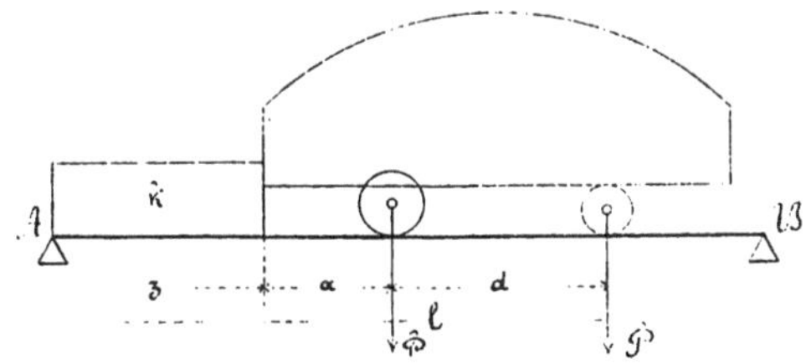

Fig. 24.

$$\hat{A} = \frac{1}{l}\left[\hat{k}z\left(l-\frac{z}{2}\right)+P\left(2\left(l-z-a\right)-d\right)\right] \qquad (37$$

und

$$\hat{\mathfrak{M}} = \hat{A}\left(z+a\right)-\hat{k}z\left(\frac{z}{2}+a\right) \qquad (38$$

wenn mit $\hat{k}$ das Gewicht der Menschen pro Längeneinheit des Trägers bezeichnet wird.

Dieses Moment wird ein Maximum für den Werth von z, welcher aus der Gleichung

$$\frac{d\,\hat{\mathfrak{M}}}{d\,z} = 0 \qquad (39$$

folgt.

§ 16. Grosse Spannweiten von ca. 300^{dcm} an. Bei grossen Spannweiten, je nach der Art des Normallastwagens und dem Werthe des Menschengedränges, von ungefähr 300^{dcm} an, liefern Fussgängermassen grössere Verticalkräfte und Momente als Lastwagenreihen. Noch grösser fallen aber auch hier diese Werthe aus, wenn Fahrzeuge und Fussgänger in bestimmter Weise auf der Brücke zusammentreffen. Es wird wohl kaum gelingen, alle möglichen Combinationen in der gegenseitigen Stellung von Wägen und Menschenschwärmen allgemein übersichtlich darzustellen und es wird deshalb bei solchen Strassenbrücken auch mehr als sonst ein Probirverfahren nothwendig werden. immerhin aber können die nachstehenden Betrachtungen einige Anhaltspunkte bieten.

In allen Fällen ergibt sich eine grössere Verticalkraft, wenn ein Lastwagen mit seiner Vorderaxe in dem fraglichen Querschnitte angelangt ist (die Gespanne also schon auf den jenseitigen Trägertheil zu stehen kommen) und hinter ihm sich Menschenmassen anschliessen, als wenn solche sich ausschliesslich zwischen dem Querschnitt und dem einen Auflager ausbreiten.

Die Fig. 25 liefert

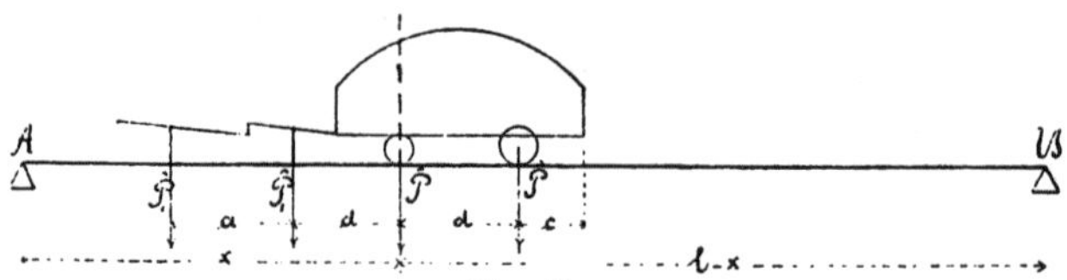

Fig. 25.

$$\hat{V}' = \frac{1}{l}\Big[\hat{P}_1\,(2(l-x+d)+a)+\hat{P}(2\,(l-x)-d)\Big]-2\,\hat{P}_1 \qquad (40$$

und Fig. 26

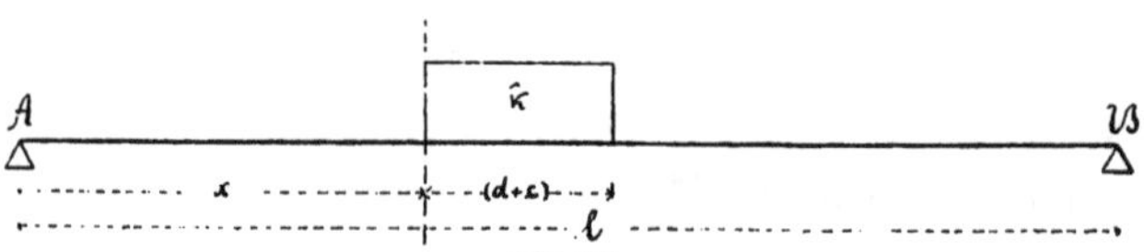

Fig. 26.

$$\hat{V}'' = \frac{\hat{k}\,(d+c)}{l}\left(l-x-\frac{d+c}{2}\right) \qquad (41$$

Aus beiden Gleichungen ist

$$\hat{V}'-\hat{V}'' = \frac{1}{l}\Big\{\hat{P}\,[2\,(l-x)-d]-\hat{P}_1\,[2\,(x-d)-a]$$
$$-\hat{k}\,(d+c)\,(l-x-\frac{d+c}{2})\Big\} \qquad (42$$

oder mit Rücksicht auf die Zahlenwerthe $\hat{P} = 6.0$ $\hat{P}_1 = 0.6$ $\hat{k} = 0{,}096$ $d = 35$, $a = 40$, $c = 20$

$$\hat{V}'-\hat{V}'' = \frac{1}{l}\,[6.72\,l - 7{,}92\,x + 1{,}2] \qquad (43$$

Diese Differenz ist positiv, selbst wenn x seinen grössten Werth $\frac{l}{2}$ annimmt.

In ähnlicher Weise kann gezeigt werden, dass in vielen Fällen ein grösseres Moment entsteht, wenn zwischen den Menschenmassen ein schwerer Wagen fährt und mit seiner Hinteraxe im Querschnitte angelangt ist, als wenn die ganze Brücke von sich drängenden Menschen erfüllt wird.

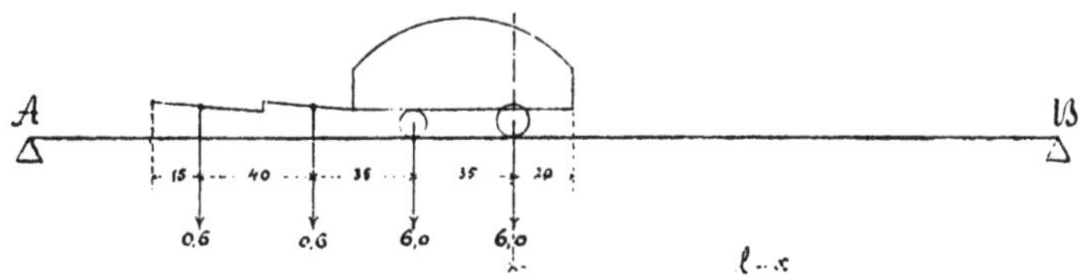

Fig. 27.

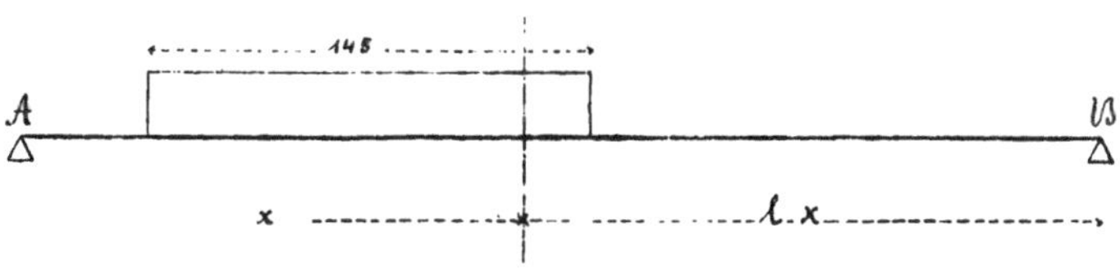

Fig. 28.

Lässt man jene Momentenbeträge, welche in beiden Fällen, Fig. 27 und Fig. 28, gleich ausfallen, weg, so erhält man im ersten Fall

$$\hat{\mathfrak{M}}' = \frac{x}{l}\,[13,20\,(l-x) + 318,00] - 318,0 \qquad (44$$

und im zweiten nach Fig. 28

$$\hat{\mathfrak{M}}'' = \frac{x}{l}\,[13,92\,(l-x) + 730,80] - 750,0 \qquad (45$$

folglich als Differenz beider

$$\hat{\mathfrak{M}}' - \hat{\mathfrak{M}}'' = 432,0 - \frac{x}{l}\,[0,72\,(l-x) + 412,80] \qquad (46$$

welche für alle grossen Träger mit Spannweiten bis zu 1250^{dcm} unbedingt positiv bleibt.

3) Verticalkraft und Moment bei vertheilter Belastung des ganzen Trägers.

(Für das Eigengewicht speciell $\hat{V}_p$ und $\hat{\mathfrak{M}}_p$)

§ 17. Das Gewicht des Trägers, wie auch aller mit ihm verbundenen Theile kann gewöhnlich als gleichmässig über die ganze Länge ausgebreitet angesehen werden. Heisst dasselbe für die Einheit der Länge $\hat{p}$, so ist die Auflagerreaction

$$\hat{A} = \hat{B} = \frac{\hat{p} \cdot l}{2} \tag{47}$$

und die Verticalkraft in irgend einer Entfernung von der linkseitigen Stütze A

$$\hat{V}_p = \hat{A} - \hat{p}\, x = \hat{p} \left(\frac{l}{2} - x\right) \tag{48}$$

In allen Querschnitten links von der Trägermitte, für welche $x < \frac{l}{2}$, ist die Verticalkraft im Sinne der Auflagerreaction $\hat{A}$ gerichtet, in der Mitte ist sie Null, rechts von derselben wird sie negativ; die Verticalkräfte werden durch eine Gerade dargestellt, welche die Abscissenaxe in der Mitte durchschneidet.

Bei Verwendung von Zwischenträgern, wenn ein Theil des Brückengewichtes in concentrirten Beträgen auf die Brückenträger übergeht, ändern sich die Verticalkräfte, ihre Berechnung ist jedoch leicht durchzuführen. Kann das ganze Eigengewicht in einzelnen Punkten concentrirt angenommen werden, so ist bemerkenswerth, dass sich die Verticalkraft eines Feldes so gross ergibt, wie bei directer Belastung in jenem Querschnitte, welcher die Feldmitte bezeichnet. Für das μ^{te} Feld bei den Bezeichnungen des § 12

$$\hat{V}_p = \hat{A} - \hat{p}\left(\mu - 1 + \frac{1}{2}\right) d = \hat{p}\left[\frac{l}{2} - \left(\mu - \frac{1}{2}\right) d\right] \tag{49}$$

Das Moment für eine beliebige Stelle unter directer Belastung ist durch die Gleichung

$$\hat{\mathfrak{M}}_p = \hat{A}x - \frac{\hat{p}\, x^2}{2} = \frac{\hat{p}}{2}\, x\,(l - x) \tag{50}$$

gegeben, welche eine auf rechtwinkelige Axen bezogene Parabel vom Parameter $\frac{1}{\hat{p}}$ mit lothrechter Axe darstellt.

Bei indirecter Belastung bleiben wieder die Momentenwerthe in den Knotenpunkten unverändert, sobald die kleinen Längsträger nur durch ein Feld hindurchreichen; das jetzt die Momente darstellende Polygon mit gekurvten oder geraden Seiten ist der obigen Parabel einbeschrieben. Zwischen den Knotenpunkten fallen die Momente kleiner wie früher aus nach Massgabe der kleinen Werthe, welche sich an den Zwischenträgern ergeben.

III. Vertheilte Lasten als Aequivalente für Eisenbahnzüge.

§ 18. Aequivalente mit Rücksicht auf das Angriffsmoment. Es ist schon in § 3 erwähnt worden, dass man statt der concentrirten Verkehrslasten vertheilte und am einfachsten gleichmässig vertheilte annehmen könne, wenn man sich mit einer Annäherungsrechnung begnüge. Für eine gleichmässig vertheilte mobile Last ($\hat{k}$ pro Längeneinheit) ergibt sich in jedem Querschnitt ein möglichst grosses Moment, wenn dieselbe die ganze Brückenöffnung bedeckt; es gilt auch hier die Gleichung

$$\text{Max. } \hat{\mathfrak{M}}_k = \frac{\hat{k}}{2}\, x\,(l - x) \tag{51}$$

welche in § 17 besprochen worden ist. Mit Hülfe dieser Gleichung kann für irgend einen Querschnitt der Ersatzwerth $\hat{k}$ berechnet werden, sobald das Max. $\hat{\mathfrak{M}}_P$ bekannt ist, welches der Eisenbahnzug an dieser Stelle hervorzurufen im Stande ist. Bemerkenswerth ist es nun, dass man für alle Querschnitte nur einen einzigen Ersatzwerth $\hat{k}_1$ annimmt, jenen nämlich, welcher der gefährlichsten Stellung des Eisenbahnzugs gegen die Brückenmitte entspricht und sich aus der Relation

$$\left(\text{Max. } \hat{\mathfrak{M}}_P\right)_{x = \frac{l}{2}} = \frac{\hat{k}_1 \cdot l^2}{8} \tag{52}$$

oder richtiger aus

$$\text{Abs. Max. } \hat{\mathfrak{M}}_P = \frac{\hat{k}_1 \cdot l^2}{8} \tag{53}$$

ergibt. Die Gleichung (51) für $\hat{k} = \hat{k}_1$, repräsentirt nach dieser

Annahme alle Maximalmomente, die jedoch, mit Ausnahme eines einzigen, sämmtlich um mehrere Procente kleiner als in Wirklichkeit ausfallen. In den meisten Lehrbüchern finden sich die Werthe $\hat{k}_1$ für verschiedene Spannweiten und für bestimmtes Betriebsmaterial tabellarisch zusammengestellt.

Hierher gehört auch das von Oberbaudirector von Pauli angegebene Verfahren. Derselbe nahm an, dass sich die in Wirklichkeit eintretenden Maximalmomente mit hinreichender Schärfe aus einer Gleichung von der Form

$$\text{Max. } \hat{\mathfrak{M}} = a\,x + b\,x^2 + c\,x^3$$

berechnen lassen, welche dem Belastungsfall in Fig. 29 entspricht,

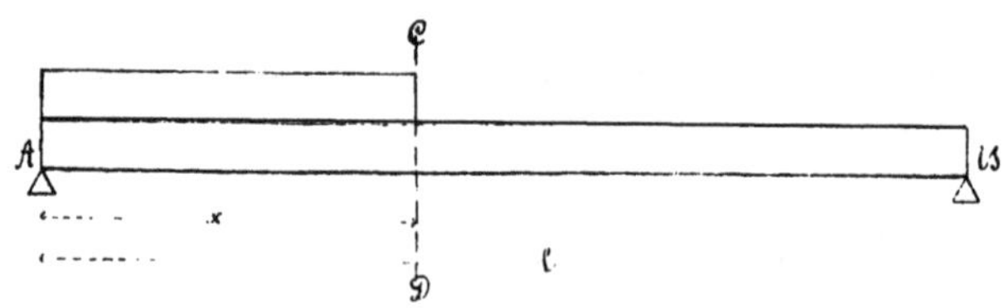

Fig. 29.

wonach der Träger seiner ganzen Länge nach durch das gleichmässig vertheilt gedachte Eigengewicht und noch ausserdem auf der Strecke x durch eine ebenfalls gleichmässig vertheilte Verkehrslast beansprucht wird. Die Coefficienten a, b und c wurden mit Hülfe zweier bekannter, unter concentrirter Verkehrsbelastung auftretender Momentenwerthe und unter der Voraussetzung bestimmt, dass das Curvenelement in der Trägermitte parallel zur Axe des Trägers sei.

In der Zeitschrift für Bauwesen von Erbkam, 1875, S. 99 ist eine Abhandlung von Ingenieur Th. Schuster über die Verwerthung der obigen Gleichung zum praktischen Gebrauch enthalten.

§ 19. Aequivalente hinsichtlich der Verticalkraft. Umständlicher und ziemlich willkürlich sind die Annahmen von Ersatzwerthen $\hat{k}$, durch welche die Berechnung der Verticalkräfte vereinfacht werden soll. Eine gleichmässig vertheilte Last erzeugt eine möglichst grosse positive oder negative Verticalkraft, wenn sie sich zwischen dem fraglichen Querschnitt und einem Auflager ausbreitet; es ist bei rechtseitiger Belastung

$$\text{Max. } \hat{V}_k = \hat{k}\,.\,\frac{(l-x)^2}{2\,l} \qquad (54$$

und bei linkseitiger

$$\text{Max. } \hat{V}_k = -\hat{k} \cdot \frac{x^2}{2l} \qquad (55$$

Manche Ingenieure begnügen sich damit, den nach Anleitung des vorigen Paragraphen gefundenen Werth $\hat{k}_1$ auch zur Berechnung aller Verticalkräfte aus den Gleichungen 54 und 55 zu verwenden; sie nehmen an, derselbe ersetze den Bahnzug in allen Stellungen auf der Brücke.

Etwas weitergehend ist eine Regel, welche in dem Lehrbuche: „Der Bau der Brückenträger" von **Laissle** und **Schübler**, erster Theil, 3. Auflage Nr. 64 und zweiter Theil Nr. 129 angegeben ist. Demnach wird ein Werth $\hat{k}_2$ (am genannten Ort k') auf eine nicht klar ersichtliche Weise bestimmt, welcher den bis zur Brückenmitte vorgerückten Zug hinsichtlich der Verticalkraft an dieser Stelle ersetzt, weiter wird durch Probiren constatirt, dass als Aequivalent für den Bahnzug in seiner ungünstigsten Stellung gegen das Auflager allgemein $\frac{\hat{k}_1 + \hat{k}_2}{2}$ gesetzt werden könne, wenn $\hat{k}_1$ wieder den Werth des vorigen Paragraphen bedeutet. Für die zwischenliegenden Querschnitte und auch noch für die meisten jenseits der Mitte gelegenen wird das zugehörige $\hat{k}$ proportional den Abscissen x genommen, nur für $x = (l - 6)$, $(l - 4)$ und $(l - 3)$ Meter werden besondere Werthe dadurch bestimmt, dass die auf diese Strecken treffenden Locomotivenraddrücke auf dieselben gleichmässig vertheilt gedacht werden. Fig. 30 gibt eine graphische Darstellung dieser Regel.

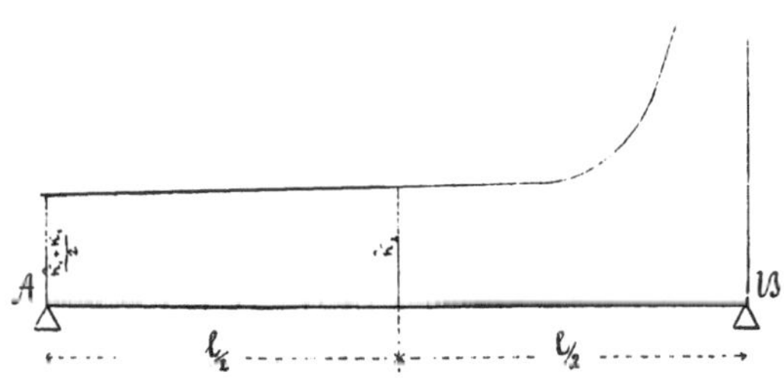

Fig. 30.

Besser begründet ist die von Professor **Heinzerling** (Zeitschrift für Bauwesen 1875, Seite 509) empfohlene Regel: Für die gegebene Spannweite wird zunächst die absolute Maximalverticalkraft unter Zugrundlegung des Eisenbahnzuges bestimmt und sodann aus der Gleichung

$$\text{Abs. Max. } \hat{V}_p = \frac{\hat{k}_2 \cdot l}{2} \qquad (56$$

das hierbei äquivalente $\hat{k}_2$. Die Verticalkräfte, welche sich mit diesem Werth aus den Gleichungen 54 und 55 berechnen lassen, sind alle kleiner als in Wirklichkeit und zwar wächst die Differenz (y) von den Auflagern gegen die Mitte hin, so dass sie sich annähernd mit Hülfe einer Parabel

$$y = \frac{4\,y_0}{l^2} \cdot x\,(l - x) \tag{57}$$

darstellen lassen, wobei y_0 die Differenz für den Querschnitt in der Mitte bedeutet, die demnach durch die Gleichung

$$y_0 = \left(\text{Max. } \hat{V}_P\right)_{x = \frac{l}{2}} - \frac{\hat{k}_2 \cdot l}{8} \tag{58}$$

gegeben ist.

Zur Berechnung der Maximalverticalkräfte in sämmtlichen Querschnitten dienen also die Gleichungen

$$\text{Max. } \hat{V}_k = \hat{k}_2 \cdot \frac{(l - x)^2}{2\,l} + \frac{4\,y_0}{l^2}\,x\,(l - x) \tag{59}$$

und

$$\text{Max. } \hat{V} = -\,\hat{k}_2 \cdot \frac{x^2}{2\,l} - \frac{4\,y_0}{l^2}\,x\,(l - x) \tag{60}$$

welche um mehrere Procente von den wahren Werthen abweichende, theils zu grosse, theils zu kleine Verticalkräfte liefern. —

IV. Die widerstehenden (inneren) Kräfte.

§ 20. Im § 4 ist erwähnt worden, dass die Stützenreactionen eines Trägers mit den übrigen ihnen entgegenwirkenden äusseren Kräften ein System im Gleichgewichtszustande darstellen. Dasselbe bewirkt kleine Formänderungen des Trägers, welche so lange zunehmen, bis sich im Innern desselben Widerstandskräfte entwickelt haben, gross genug, um den Angriffen von Aussen das Gleichgewicht zu halten. Es ist Aufgabe des Ingenieurs, diese Widerstandskräfte zu bestimmen, entweder um die Tragfähigkeit eines vorliegenden Trägers zu untersuchen, oder um die Dimensionen eines erst herzustellenden anzugeben.

Wenn die Formänderungen sich nicht weiter vergrössern, ist an jeder Stelle Gleichgewicht zwischen den äusseren und inneren Kräften eingetreten. Wird dasselbe durch Trennung des Trägers in zwei Theile gestört gedacht und werden sodann nach den Gesetzen der Mechanik Kräfte bestimmt, welche an der Schnittstelle und mit den angreifenden Kräften in einer Ebene wirkend, den früheren Zustand wieder herstellen, so geben dieselben die Art der Einwirkung beider Trägertheile auf einander an, entsprechen also den im ungetrennten Träger an dieser Stelle vorhandenen inneren Kräften.

Die 3 Grundgleichungen der Mechanik für den vorliegenden Fall sind

$$\left.\begin{aligned} \Sigma\hat{X} &= 0 \\ \Sigma\hat{Y} &= \hat{V} \\ \Sigma\hat{X}y &= \hat{\mathfrak{M}} \end{aligned}\right\} \qquad (61$$

ΣX, die Summe der Projectionen der inneren Kräfte auf eine senkrecht zu den äusseren Kräften gerichtete Axe, ist für sich Null, weil die letzteren bei Balkenbrücken gleiche Richtung haben. $\Sigma\hat{Y}$, die Projectionssumme der inneren Kräfte für eine zur Angriffsrichtung parallele Axe, ist gleich und entgegengesetzt der algebraischen Summe ($\hat{V}$) der auf einer Seite der Schnittebene befindlichen äusseren Kräfte. Dieselbe wird „Verticalkraft" genannt. Nach der 3. Gleichung endlich ist das statische Moment der Verticalkraft oder das „Angriffsmoment" ($\hat{\mathfrak{M}}$) gleich und entgegengesetzt der Summe der statischen Momente der inneren Kräfte, sämmtlich auf einen Drehpunkt in der Schnittfläche bezogen.

Bei den folgenden Untersuchungen wird unterschieden werden zwischen Trägern mit voller Wand und solchen, welche aus band- und stangenartigen Theilen bestehen.

a) Träger mit voller Wand.

§ 21. Theorie der Biegung bei transversaler Belastung. Träger, welche aus einem Stück bestehen, sogenannte homogene Balken, und solche, welche aus einzelnen Theilen zu einem vollwandigen Balken zusammengesetzt sind, erleiden unter der Einwirkung äusserer, senkrecht zu ihrer Längsaxe gerichteter Kräfte eine Biegung; ihre ursprünglich geradlinige Längsaxe wird gekrümmt, die Fasern (wenn mit diesem Ausdrucke die Aufeinanderfolge von materiellen Punkten in der Richtung der Axe bezeichnet wird) erleiden zum Theil eine Verlängerung, zum Theil eine Verkürzung, im Innern ist im Allgemeinen eine Schichte (die neutrale Schichte) vorhanden, welche weder ausgedehnt noch zusammengedrückt wird. Die Biegungsverhältnisse sind complicirt; eine allgemeine, streng theoretische Behandlung derselben ist schwierig und führt auf Resultate, welche sich nicht gut zur Lösung von praktischen Fragen eignen. Dagegen lassen sich mit Rücksicht auf die Verhältnisse, unter welchen letztere auftreten, gewisse Hypothesen geltend machen, die eine entsprechend einfache Entwickelung gestatten.

Bei den geringen, in Constructionen zulässigen Biegungen, bei den üblichen Profilformen der Constructionstheile und der physikalischen Beschaffenheit des Baumaterials ist es nämlich so gut wie zutreffend, dass die vor der Biegung ebenen Querschnitte es auch nach der Biegung sind und dabei senkrecht zu der ursprünglich geraden, jetzt gekurvten Axe des Trägers stehen. Gleichbedeutend damit ist die Annahme einer einfachen Proportionalität in der Grösse der Längsspannungen und ihren Abständen von der neutralen Schichte, so dass mit Rücksicht auf Fig. 31 und wenn mit $\hat{\alpha}_y$ und $\hat{\beta}_y$ beziehungsweise die (für die Flächeneinheit gültige) Zug- und Druckspannung einer Faser in der Entfernung y von der neutralen Schichte und mit $\hat{\alpha}$ und $\hat{\beta}$ jene in den am weitesten von der neutralen Schichte entfernten Fasern bezeichnet wird, stattfindet

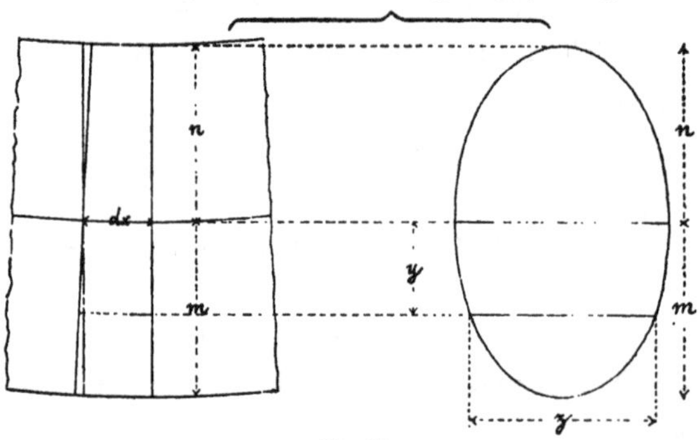

Fig. 31.

$$\hat{\alpha}_y = \frac{\hat{\alpha}}{m} \cdot y,$$

$$\hat{\beta}_y = \frac{\hat{\beta}}{n} \cdot y \qquad (62$$

Der Zug resp. Druck in der Fläche $z\,dy$ ist demnach

$$\left.\begin{aligned} \hat{\alpha}_y \cdot z\,dy &= \frac{\hat{\alpha}}{m}\, y\, z\, dy \\ \text{resp. } \beta_y \cdot z\,dy &= \frac{\hat{\beta}}{n}\, y\, z\, dy \end{aligned}\right\} \qquad (63$$

nd die Summe der Zug- und Druckkräfte an der ganzen betrachteten Querschnittsfläche

$$\left.\begin{aligned} \Sigma\,\hat{X}_m &= \frac{\hat{\alpha}}{m}\int\limits_0^m y\,z\,dy \\ \Sigma\,\hat{X}_n &= \frac{\hat{\beta}}{n}\int\limits_0^n y\,z\,dy \end{aligned}\right\} \quad (64$$

Bei so kleinen Biegungen, wie sie hier vorausgesetzt werden, ist der Elasticitätsmodul für Zug und Druck gleich und desshalb $\frac{\hat{\alpha}}{m} = \frac{\hat{\beta}}{n}$, ausserdem weicht die Richtung der Kräfte $\Sigma\,\hat{X}_m$ und $\Sigma\,\hat{X}_n$ fast gar nicht von der Senkrechten zur Richtung der äusseren Kräfte ab, so dass die Gleiehungen (61) nun die folgende Form annehmen:

$$\left.\begin{aligned} \Sigma\,X_m - \Sigma\,\hat{X}_n &= \frac{\hat{\alpha}}{m}\left[\int\limits_0^m y\,z\,dy - \int\limits_0^n y\,z\,dy\right] = \\ &= \frac{\hat{\beta}}{n}\left[\int\limits_0^m y\,z\,dy - \int\limits_0^n y\,z\,dy\right] = 0 \\ \Sigma\,\hat{Y} &= \hat{V} \\ \Sigma\,(\hat{X}_m\,.\,y) + \Sigma\,(\hat{X}_n\,.\,y) &= \frac{\hat{\alpha}}{m}\left[\int\limits_0^m y^2 z\,dy + \int\limits_0^n y^2 z\,dy\right] = \\ &= \frac{\hat{\beta}}{n}\left[\int\limits_0^m y^2 z\,dy + \int\limits_0^n y^2 z\,dy\right] = \mathfrak{M} \end{aligned}\right\} \quad (65$$

Nach der ersten derselben geht die neutrale Schichte durch die horizontale Schwerpunktsaxe des Querschnitts, in der dritten Gleichung stellt der Klammerausdruck das Trägheitsmoment (Θ) der schwer gedachten Querschnittsfläche für jene Axe dar, so dass diese Gleichung in der bekannten Form

$$\hat{\mathfrak{M}} = \frac{\hat{\alpha}}{m}\,\Theta = \frac{\hat{\beta}}{n}\,\Theta \quad (66$$

geschrieben werden kann.

Zur Bestimmung der Biegungskurve hat man mit Zugrundlegung

der Figur 32 und mit Berücksichtigung des für gezogene oder gedrückte kurze Stäbe gültigen Gesetzes

$$\varDelta l = \frac{l \cdot \hat{\alpha}}{\hat{\varepsilon}} \tag{67}$$

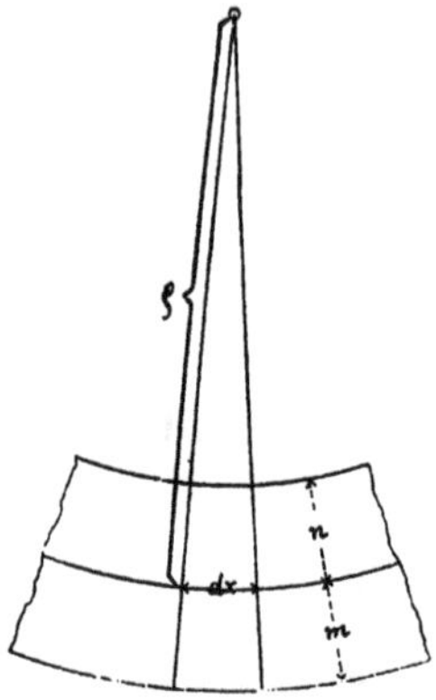

Fig. 32.

wonach die Längenveränderung proportional der Länge und der Spannung (Kraft pro Flächeneinheit) ist, den Zusammenhang

$$\frac{\varDelta l}{l} = \frac{\hat{\alpha}}{\hat{\varepsilon}} = \frac{m}{r} = \frac{\hat{\beta}}{\hat{\varepsilon}} = \frac{n}{r} \tag{68}$$

wobei r den Krümmungsradius der gebogenen Axe bedeutet.

Da ferner mit hinreichender Annäherung

$$r = \frac{1}{\frac{d^2 y}{d x^2}} \tag{69}$$

gesetzt werden kann, so geht schliesslich Gleichung 66 über in die folgende

$$\hat{\mathfrak{M}} = \frac{\hat{\varepsilon}}{r} \cdot \Theta = \hat{\varepsilon} \frac{d^2 y}{d x^2} \cdot \Theta \tag{70}$$

welche nach 2maliger Integration dic Gleichung der gebogenen Längsaxe liefert, nachdem das Angriffsmoment als Funktion der Abscisse x ausgedrückt worden.

§ 22. Horizontale und verticale Schubspannungen. Nach den Erörterungen des vorigen Paragraphen herrschen im Innern eines wagrecht liegenden und belasteten Trägers horizontale Zug- und Druckspannungen, deren Grösse sich mit dem Abstand von der neutralen Schichte und bei constantem Abstand mit der Abscisse ändert. Eine Folge davon ist das gleichzeitige Auftreten von horizontalen Schubspannungen. Hebt man zum Beispiele bei einem auf zwei Unterlagen ruhenden Träger von der Länge l, der Breite $z = \varphi\ (y)$ und der Höhe $h = n + m$ einen kleinen Theil $a\ b\ c\ d$ heraus (Fig. 33), welcher von den äusseren Flächen des Trägers, von zwei um dx von einander abstehenden

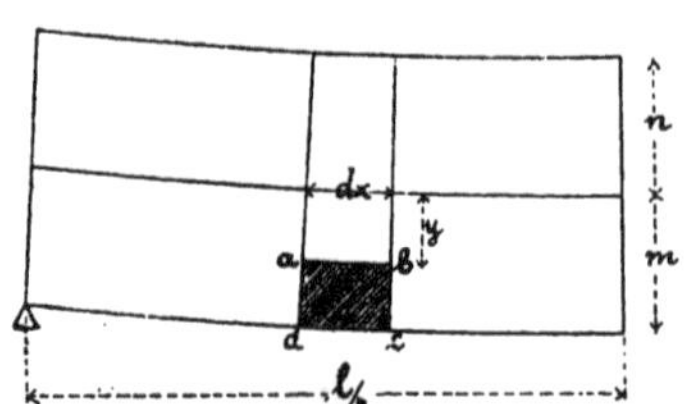

Fig. 33.

Querschnittsebenen und von der horizontalen Ebene $z \,.\, d\,x$ im Abstande y von der neutralen Schichte begrenzt wird, so wirkt auf die Vorderfläche $a\,d$ desselben eine Zug- (oder Druck-) Kraft

$$\hat{Z} = \frac{\hat{\alpha}}{m} \int_y^m y\,z\,dy = \frac{\hat{\mathfrak{M}}}{\Theta} \int_y^m y\,z\,dy$$

und auf die rechtseitige Begrenzungsfläche $b\,c$ eine Zug- (oder Druck-) kraft

$$\hat{Z}' = \frac{\hat{\alpha}'}{m} \int_y^m y\,z\,dy = \frac{\hat{\mathfrak{M}} + d\,\hat{\mathfrak{M}}}{\Theta} \int_y^m y\,z\,dy$$

Beide sind ungleich gross, es macht sich nach der einen Seite ein Kraftüberschuss geltend, welcher die Cohäsion des Materials in der Fläche $z\,dx$ mit dem Betrage

$$\hat{g} \,.\, dx = \hat{\gamma} \,.\, z\,dx = \frac{d\,\hat{\mathfrak{M}}}{\Theta} \int_y^m y\,z\,dy = \frac{\hat{V} \,.\, d\,x}{\Theta} \int_y^m y\,z\,dy \qquad (71$$

anstrengt, oder auf die Längeneinheit der Axe bezogen, mit

$$\hat{g} = \hat{\gamma} \,.\, z = \frac{\hat{V}}{\Theta} \int_y^m y\,z\,dy \qquad (72$$

Diese horizontale Abscherungskraft wächst mit der Annäherung der Fläche $z \,.\, d\,x$, resp. $z \,.\, 1$ an die neutrale Schichte, wo sie die Werthe

$$\hat{g}_0 \,.\, dx = \hat{\gamma}_0 \,.\, z\,dx = \frac{\hat{V} \,.\, dx}{\Theta} \int_0^m y\,z\,dy \qquad (73$$

und

$$\hat{g}_0 = \hat{\gamma}_0 \,.\, z = \frac{\hat{V}}{\Theta} \int_0^m y\,z\,dy \qquad (74$$

besitzt, und sie erreicht (unter Voraussetzung eines constanten Werthes Θ für alle Querschnitte) ihren höchstmöglichen Werth in der neutralen

Schichte am Balkenende, weil die Verticalkraft hier besonders gross werden kann; es gilt

$$\text{Abs. Max. } \hat{g} = \frac{\text{Abs. Max. } \hat{V}}{\Theta} \int_{u}^{m} y\, z\, dy \qquad (75$$

Weiter kann man sich auch von dem Vorhandensein verticaler Schubspannungen im Innern des Trägers überzeugen. Fasst man nämlich ein kleines Balkenstück von der Verticalprojection $d\,x\,.\,d\,y$ in der linkseitigen Trägerhälfte unterhalb der neutralen Schichte in's Auge, das nach keiner Seite hin bis zur Oberfläche reicht, so ist klar, dass auf dessen senkrecht zur Bildebene gerichtete Seitenflächen die horizontalen Zugkräfte

$$d\hat{Z} = \hat{a}_y\ \ z\, dy = \frac{\hat{\mathfrak{M}}}{\Theta}\, y\, z\, dy$$

und $$d\hat{Z}' = \hat{a}_y{}'\ .\ z\, dy = \frac{\hat{\mathfrak{M}} + d\,\hat{\mathfrak{M}}}{\Theta}\, y\, z\, dy$$

wirken, welche als gleich angesehen werden müssen, weil ihre Differenz eine unendlich kleine Grösse höherer Ordnung darstellt. Ausserdem erscheinen nach den vorausgegangenen Entwicklungen in den horizontalen Begrenzungsflächen kleine Schubkräfte, welche aus demselben Grunde beide den Werth

$$\hat{g}\ .\ dx = \frac{\hat{V}}{\Theta}\, dx \int_{y}^{m} y\, z\, dy$$

haben. Diese und jene zusammen bedingen (da verticale Zug- oder Druckkräfte nach den Bemerkungen am Eingange des nächsten Paragraphen nicht vorhanden sind) verticale Schubkräfte in den Querschnittsebenen. Denn der aus dem Balken herausgenommen gedachte kleine Körper wird bei der in Fig. 34 gezeichneten Kräftewirkung im Gleichgewichtszustande verharren. Die Momentengleichung für eine Kante desselben liefert den bemerkenswerthen Satz

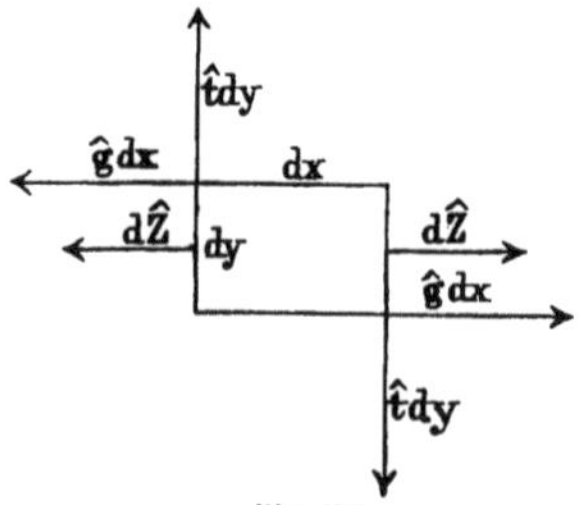

Fig. 34.

$$\hat g\ dx\ .\ dy = \hat t\ dy\ .\ dx \qquad (76$$

wonach an irgend einem Punkte im Innern des Trägers die horizontale und verticale Schubkraft, beide auf die Längeneinheit bezogen, einander gleich sind. Die Summe aller in der Querschnittsebene wirksamen verticalen Schubkräfte ist gleich und entgegengesetzt der Verticalkraft $\hat V$.[1])

§ 23. Diagonale Spannungen[2]). In Fig. 34 sind alle an beliebiger Stelle im Innern des Trägers wirksamen Kräfte dargestellt; verticale Zug- oder Druckkräfte kommen nicht in Betracht, so lange die Trägerbelastungen in derselben Weise wie die verticalen Schubkräfte nach der Trägerhöhe vertheilt sind, ein Fall, der gewöhnlich angenommen wird.

Es lassen sich nun sofort die in beliebigen schiefen Richtungen wirksamen Zug-, Druck- und Schubspannungen angeben. Wird z. B. die Diagonalfläche $z\ .\ ds$ des im vorigen Paragraphen betrachteten kleinen Körpertheils in's Auge gefasst, die mit dem Horizont den Winkel α bildet, so ist ersichtlich, dass sich senkrecht zu derselben eine Zug- oder Druckkraft, und parallel zu ihr eine Schubkraft geltend machen muss. Heisst, auf die Flächeneinheit bezogen, die erstere $\hat\nu$, die letztere $\hat\omega$, so hat man nach Fig. 35

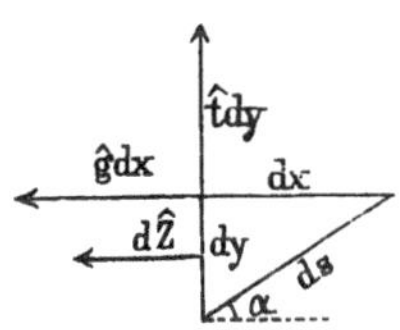

Fig. 35.

$$\left.\begin{aligned} \hat\nu\ .\ z\ ds &= d\hat Z \sin\alpha + \hat g\ dx \sin\alpha + \hat t\ dy \cos\alpha \\ \hat\omega\ .\ z\ ds &= d\hat Z \cos\alpha + \hat g\ dx \cos\alpha - \hat t\ dy \sin\alpha \end{aligned}\right\} \qquad (77$$

oder, weil nach dem vorigen Paragraphen

$$d\hat Z = \frac{\hat{\mathfrak{M}}}{\Theta}\ y\ z\ dy$$

$$\hat g\ .\ dx = \frac{\hat V}{\Theta}\ dx \int_y^m y\ z\ dy$$

$$\hat t\ .\ dy = \hat g\ .\ dy = \frac{\hat V}{\Theta}\ dy \int_y^m y\ z\ dy$$

[1]) Diese ist demnach ungleichmässig über die Querschnittsfläche vertheilt; die Intensität verringert sich von der neutralen Schichte aus nach auf- und abwärts.

[2]) Theorie der Festigkeit gegen das Zerknicken von Dr. H. Scheffler, Braunschweig 1858, S. 82.

und sodann $dy = ds \,.\, sin\, \alpha,\; dx = ds \,.\, cos\, \alpha$

$$\hat{\nu} = \frac{1}{z}\left[\frac{1}{2}\frac{d\hat{Z}}{dy}(1 - cos\, 2\,\alpha) + \hat{g}\, sin\, 2\,\alpha\right] = \frac{\hat{V}}{2\,\Theta}\left\{y \,.\, \frac{\hat{\mathfrak{M}}}{\hat{V}}(1 - cos\, 2\,\alpha) + \right.$$

$$\left. + \frac{2\, sin\, 2\,\alpha}{z}\int_y^m y\, z\, dy\right\}$$

(78

$$\hat{\omega} = \frac{1}{z}\left[\frac{1}{2}\frac{d\hat{Z}}{dy}\, sin\, 2\,\alpha + \hat{g}\, cos\, 2\,\alpha\right] = \frac{\hat{V}}{2\,\Theta} \,.\left\{y \,.\, \frac{\hat{\mathfrak{M}}}{\hat{V}}\, sin\, 2\,\alpha + \right.$$

$$\left. + \frac{2\, cos\, 2\,\alpha}{z}\int_y^m y\, z\, dy\right\}$$

Es sollen nun die grössten Werthe von $\hat{\nu}$ und $\hat{\omega}$ aufgesucht werden.

Für eine bestimmte Stelle mit den constanten Werthen y, z, $\hat{V}$, $\hat{\mathfrak{M}}$ und Θ hat man zunächst

$$\frac{d\hat{\nu}}{d\alpha} = 0$$

woraus

$$tg\, 2\,\alpha_1 = -\frac{2\,\hat{g}}{\left(\frac{d\hat{Z}}{dy}\right)} = -\frac{2\,\hat{V}\int_y^m y\, z\, dy}{y\, z\, \hat{\mathfrak{M}}} \tag{79}$$

Die beiden, dieser Gleichung entsprechenden Winkelwerthe liefern ein analytisches Maximum von $\hat{\nu}$, und zwar der dem 2. Quadranten angehörige das grössere Maximum

$$\hat{\nu}' = \frac{\frac{d\hat{Z}}{dy}}{2\,z}\left[1 + \sqrt{1 + \left(\frac{2\,\hat{g}}{\frac{d\hat{Z}}{dy}}\right)^2}\,\right] =$$

$$= \frac{y \,.\, \hat{\mathfrak{M}}}{2\,\Theta}\left\{1 + \sqrt{1 + \left(\frac{2\,\hat{V} \,.\int_y^m y\, z\, dy}{y\, z\, \hat{\mathfrak{M}}}\right)^2}\right\} \tag{80}$$

In gleicher Weise erhält man aus der Differentialgleichung

$$\frac{d\,\hat{\omega}}{d\,\alpha} = 0,$$

$$tg\,2\,\alpha_2 = + \frac{\frac{d\hat{Z}}{dy}}{2\hat{g}} = + \frac{y\,z\,\hat{\mathfrak{M}}}{2\,\hat{V}\int\limits_y^m y\,z\,dy} = - \frac{1}{tg\,2\,\alpha_1} \qquad (81$$

und hierfür einen einzigen positiven oder negativen Maximalwerth von $\hat{\omega}$. Der positive für den spitzen Winkel $2\,\alpha_2$ ist

$$\hat{\omega}' = \frac{\hat{g}}{2}\sqrt{1 + \left(\frac{\frac{d\hat{Z}}{dy}}{2\hat{g}}\right)^2} = \frac{\hat{V}\int\limits_y^m y\,z\,dy}{\Theta\,z}\sqrt{1 + \left(\frac{y\,z\,\hat{\mathfrak{M}}}{2\,\hat{V}\int\limits_y^m y\,z\,dy}\right)^2} \qquad (82$$

Die weitere Untersuchung, in welchem Querschnitt das $\hat{\nu}'$ und $\hat{\omega}'$ besonders gross ausfallen, kann nur für bestimmte Belastungsfälle geführt werden, weil $\hat{\mathfrak{M}}$ und $\hat{V}$ als Functionen der Abscisse x ausgedrückt werden müssen. Ist der Träger z. B. seiner ganzen Länge nach gleichmässig belastet, mit $\hat{q}$ auf die Längeneinheit, so gilt

$$\hat{\mathfrak{M}} = \frac{\hat{q}}{2}\,x\,(l - x) \text{ und } \hat{V} = \hat{q}\left(\frac{l}{2} - x\right)$$

wofür die Gleichungen 80 und 82 in die folgenden übergehen:

$$\hat{\nu}' = \frac{\hat{q}\,y}{4\,\Theta}\left\{x\,(l - x) + \sqrt{x^2\,(l - x)^2 + \frac{\left[4\left(\frac{l}{2} - x\right)\int\limits_y^m y\,z\,dy\right]^2}{y^2\,z^2}}\right\} \qquad (83$$

$$\hat{\omega}' = \frac{\hat{q}\int\limits_y^m y\,z\,dy}{z\,\Theta}\sqrt{\left(\frac{l}{2} - x\right)^2 + \left[\frac{y\,z\,x\,(l - x)}{4\int\limits_y^m y\,z\,dy}\right]^2} \qquad (84$$

Die Differentialgleichung $\frac{d\hat{\nu}'}{dx} = 0$ liefert die Abscisse

$$x = \frac{l}{2} \qquad (85$$

und für $\hat{\nu}'$ den Maximalwerth

$$\hat{\nu}'' = \frac{\frac{d\hat{Z}}{dy}}{z} = \frac{\hat{q}\,l^2\,y}{8\,\Theta} \qquad (86$$

so lange

$$l > \frac{4\int_y^m y\,z\,dy}{y\,z} \tag{87}$$

ist. Findet die andere Ungleichung $l < \frac{4\int_y^m y\,z\,dy}{y\,z}$ statt, so existirt ein analytisches Maximum nicht, dagegen ein grösster Werth an den Trägerenden für $x = 0$ und $x = l$, nämlich

$$\hat{\omega}_1'' = \frac{\hat{q}\,l}{2\,z\,\Theta} \int_y^m y\,z\,dy \tag{88}$$

Die Differentialgleichung $\frac{d\hat{\omega}'}{d\,x} = 0$ wird erfüllt durch die Abscissen

$$x = \frac{l}{2} \text{ und } x = \frac{l}{2} \pm \frac{1}{2}\sqrt{l^2 - 32 \cdot \left(\frac{\int_y^m y\,z\,dy}{y\,z}\right)^2}$$

wofür beziehungsweise

$$\hat{\omega}'' = \frac{\hat{q}\,l^2\,y}{16\,\Theta} \tag{89}$$

$$\text{und} \quad \hat{\omega}_1'' = \frac{\hat{q}\,l^2\,y}{16\,\Theta} \cdot \frac{8\int_y^m y\,z\,dy}{y\,z\,l^2} \tag{90}$$

stattfindet, ausserdem ergibt sich für $x = 0$ oder $x = l$

$$\hat{\omega}_2'' = \frac{\hat{q}\,l}{2\,z\,\Theta} \int_y^m y\,z\,dy \tag{91}$$

Eine Vergleichung dieser drei Werthe zeigt, dass $\hat{\omega}_1''$ ausser Betracht bleiben kann, und eine genauere Analyse ergibt, dass $\hat{\omega}''$ ein analytisches Maximum darstellt, sobald $l > \frac{8\int_y^m y\,z\,dy}{y\,z}$ wo es dann jedenfalls grösser ist als $\hat{\omega}''_2$, dass es aber von $\hat{\omega}''_2$ an Grösse übertroffen wird, wenn $l < \dfrac{8\int_y^m y\,z\,dy}{y\,z}$ stattfindet.

So ist denn festgestellt, dass die grösstmöglichen Werthe von $\hat{\nu}$ wie $\hat{\omega}$ nur in der Mitte oder an den Enden des Trägers gesucht werden können.

Nach (86) kann die normale Pressung oder Spannung in der T r ä g e r m i t t e nicht grösser werden, als in den äussersten Fasern daselbst, für welche $y = m$ oder n wird, nämlich

$$\begin{aligned} \text{Max. } \hat{\nu} &= \frac{\hat{q}\,l^2\,m}{8\,\Theta} \\ &= \frac{\hat{q}\,l^2\,m}{8\,\Theta} \end{aligned} \qquad (92$$

das ein analytisches Maximum darstellt, da hierbei jedenfalls

$$l > \left(\frac{4\int y\,z\,dy}{y\,z} = 0\right)$$

Der zugehörige Winkel ergibt sich aus (79) zu

$$\alpha_1 = 0^0 \text{ oder } \alpha_1 = 90^0$$

An den A u f l a g e r n nimmt die normale Spannung oder Pressung nach Gleichung (88) ihren grösstmöglichen Werth

$$\begin{aligned} \text{Max. } \hat{\nu} &= \frac{\hat{q}\,l}{2\,z\,\Theta}\int_0^m y\,z\,dy \\ &= \frac{\hat{q}\,l}{2\,z\,\Theta}\int_0^n y\,z\,dy \end{aligned} \qquad (93$$

in der neutralen Schichte an, weil hierfür der Werth des Integrals am grössten und die Dimension z bei rationell construirten Trägern besonders klein wird. An keiner anderen Stelle der neutralen Schichte erscheint ein grösseres $\hat{\nu}$, weil $l < \left(\frac{4 \int y\, z\, dy}{y\, z} = \infty\right)$. Die Winkel $\hat{\alpha}_1$ sind

$$\alpha_1 = 45^0 \text{ und } \alpha_1 = 135^0$$

Bezüglich der Schubkraft $\hat{\omega}$ ergibt sich endlich Folgendes: Nach Gleichung 89 und 91 zeigt sie in den äussersten Fasern der Trägermitte in der Richtung $\alpha_2 = 45^0$ und 135^0 den Maximalwerth

$$\begin{aligned} \text{Max. } \hat{\omega} &= \frac{\hat{q}\, l^2\, m}{16\, \Theta} \\ &= \frac{\hat{q}\, l^2\, n}{16\, \Theta} \end{aligned} \qquad 94)$$

Da ferner für die neutrale Schichte $l < \left(\frac{8 \int y\, z\, dy}{y\, z} = \infty\right)$ stattfindet, so kann die Schubkraft in der Höhe derselben nirgends grösser werden als am Balkenende, nach Gleichung 91 und 81

$$\text{Max. } \hat{\omega} = \frac{\hat{q}\, l}{2\, z\, \Theta} \int_0^m y\, z\, dy \qquad (95$$

unter dem Winkel $\alpha_2 = 0$ und 90^0.

Das Endresultat der Untersuchung ist, dass nirgends im Träger eine grössere Druck- oder Zugspannung entsteht, als in der Mitte der äussersten Fasern, und keine grössere Schubspannung, als längs der neutralen Schichte an den Auflagern. —

b) Träger aus band- und stangenartigen Theilen bestehend.

§ 24. Auf Zug beanspruchte Theile. Bei Trägern aus band- und stangenartigen Theilen erleiden die einzelnen Theile der Hauptsache nach nur Dehnungen oder nur Zusammendrückungen. Da sich hierbei die Kräfte ziemlich gleichmässig über die Querschnittsfläche vertheilen, und desshalb die Widerstandsfähigkeit des Materials solcher Träger sehr vortheilhaft ausgenutzt wird, so können dieselben als besonders zweckmässig bezeichnet werden.

Bei den gezogenen Theilen hat man ganz einfach als Spannung auf die Flächeneinheit, wenn F die Querschnittsfläche des Stabes bezeichnet und $\hat{P}$ die Kraft, mit welcher der Stab gezogen wird,

$$\frac{\hat{P}}{F} = \hat{\alpha} \tag{96}$$

Das Gesetz, welchem die Erscheinungen bei Beanspruchung eines Stabes nach der Länge folgen, lässt sich innerhalb der bei Constructionen eingehaltenen Belastungsgrenzen mit ausreichender Annäherung an die Wahrheit durch die Relation

$$\Delta l = \frac{l \hat{P}}{\hat{\varepsilon} F} \tag{97}$$

ausdrücken, wobei Δl die elastische Längenveränderung, l die ursprüngliche Länge und F den Querschnitt des Stabes bedeutet, endlich $\hat{P}$ die ziehende Kraft und $\hat{\varepsilon}$ einen, dem Material eigenthümlichen Coefficienten, den sogenannten Elasticitätsmodul. Die Gleichung 97, wie schon erwähnt, kein vollkommen richtiger Ausdruck des Naturgesetzes, ist auf inductivem Weg entstanden; sie ist als Hypothese aufgestellt und durch Versuche geprüft worden. Für den Elasticitätsmodul, der sich nicht nur mit der Gattung und Art, sondern auch mit der Sorte des Materials und selbst bei dem gleichen Material unter äusseren Verhältnissen ändert, können im Allgemeinen die folgenden Durchschnittsworthe angenommen werden.

Tabelle I.

Die Zahlen beziehen sich auf Tonnen und Quadratdecimeter.

Materialien	Elasticitätsmodul für Zug und Druck bei Anstrengungen	
	bis zur Elasticitätsgrenze	wie sie auf die Dauer zulässig
Schmiedeisen .	202000	186000
Stahl .	200000	—
Gusseisen .	101000	—
Eichenholz .	12000	11300
Fichtenholz .	12000	11300
Föhrenholz .	13000	12000

§ 25. Gedrückte Theile. Bei sehr kurzen Stäben gelten dieselben Gleichungen wie für Ausdehnung auch für Compression, und es behält hierbei der Elasticitätsmodul, falls die Anstrengungen noch nicht bemerkbar bleibende Längenveränderungen verursachen, die gleichen Werthe wie früher. Verwickelter gestalten sich die Verhältnisse für gedrückte Stäbe von hervorragender Längendimension. Es tritt dann neben der eigentlichen Compression auch noch eine Biegung ein und damit eine vermehrte Anstrengung des Materials; dasselbe wird nicht auf seine absolut rückwirkende, sondern auf Knickungsfestigkeit beansprucht.

Wenn ein solcher Stab an einem Ende festgehalten und am anderen durch eine Kraft parallel zur Längsrichung auf Druck beansprucht wird, so erleidet er erfahrungsgemäss eine Biegung. Dieselbe kann in ebenso einfacher Weise untersucht werden, wie die im § 21 behandelte, sobald auch hier nur kleine Formänderungen erscheinen und desshalb die dort aufgestellte Hypothese bezüglich der ebenen Beschaffenheit und der zur Längsaxe auch nach geschehener Biegung normalen Lage der Querschnitte ebenfalls zulässig ist. Hierbei werden vollkommen bestimmte Resultate erhalten, sobald die angreifende Kraft ($\hat{P}$) in einem bekannten Abstande von der Balkenaxe parallel zu dieser wirkt; kennt man dagegen diesen Abstand nicht, oder besitzt er den speziellen Werth Null, so reichen die theoretischen Formeln nicht mehr aus und es wird dann nöthig, gewisse neue Relationen auf Grund von Beobachtungen und Versuchen beizuschaffen.

a) Die Kraft $\hat{P}$ wirkt an einem bestimmten Hebelarm.

Ein schwerlos gedachter Balken CD von der Länge l und dem Querschnitte F steht nach Fig 36 auf einer festen Unterlage. Derselben lothrecht gegenüber wirkt von oben nach unten die concentrirte Kraft $\hat{P}$, deren Angriffspunkt auf der oberen Fläche im Abstande p von der Balkenaxe liegt. Unter der Einwirkung derselben nimmt die ursprünglich gerade Längsaxe CD des Balkens eine gekurvte Form an, und zwar symmetrisch zur Mitte, sobald die beiden Enden frei beweglich sind, wie vorausgesetzt werden soll. Wenn sich die Biegung nicht weiter vergrössert, wenn also Gleichgewicht zwischen äusseren und inneren Kräften eingetreten ist, werde ein Querschnitt MN geführt und der über demselben befindliche Balkentheil in's freie Gleichgewicht gesetzt (Fig. 37). Es gelten dann, wenn nur ganz kleine Durchbiegungen zugelassen werden, die Gleichgewichtsgleichungen

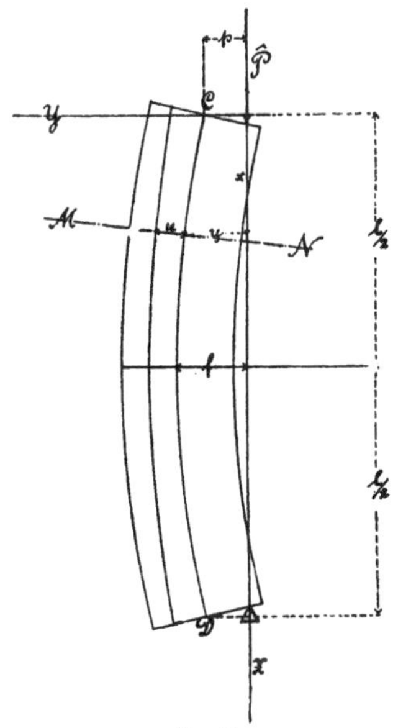

Fig. 36.

$$\hat{P} = \Sigma \hat{X}_{II} - \Sigma \hat{X}_{III} = \frac{\hat{\beta}}{n}\int_0^{II} z\, v\, dv - \frac{\hat{\alpha}}{m}\int_0^{III} z\, v\, dv = \frac{\hat{\varepsilon}}{r+u} F\, u \tag{98}$$

$$\hat{P}(y+u) = \frac{\hat{\beta}}{n}\int_0^{II} z\, v^2\, dv + \frac{\hat{\alpha}}{m}\int_0^{III} z\, v^2\, dv = \frac{\hat{\varepsilon}}{r+u}\left(\Theta + F u^2\right) \tag{99}$$

worin F die betrachtete Querschnittsfläche,

Θ das Trägheitsmoment derselben für die senkrecht zur Biegungsebene gerichtete Schweraxe,

r den Krümmungsradius der Längsaxe im Punkte x, y,

$\hat{\alpha}$ und $\hat{\beta}$ die Zug- und Druckspannung in den äussersten Fasern, deren Abstände von der neutralen Axe beziehungsweise m und n sind,

$\hat{\varepsilon}$ den Elasticitätsmodul bedeutet.

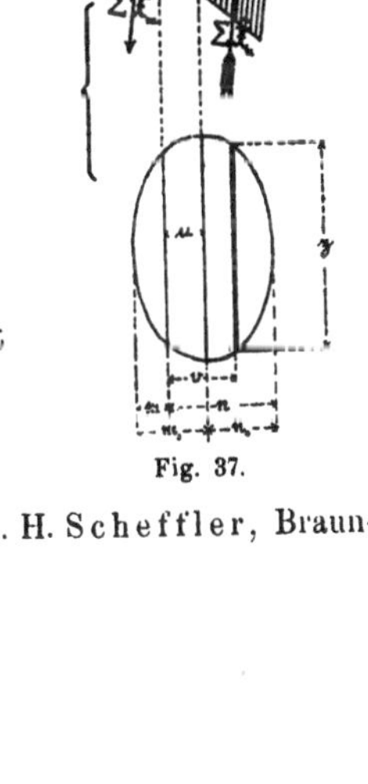

Fig. 37.

Aus den Gleichungen 98 und 99 folgt zunächst

$$u = \frac{\Theta}{F y} \text{ [1]} \tag{100}$$

[1]) Theorie der Festigkeit gegen das Zerknicken von Dr. H. Scheffler, Braunschweig, 1858.

wodurch die Lage der neutralen Schichte bestimmt ist, sodann, wenn nach Fig. 37 $n = n_0 + u$ gesetzt wird

$$\hat{P} = \frac{\hat{\beta}}{n_0 + u} \cdot F u = \frac{\hat{\beta}}{n_0 \, y + \frac{\Theta}{F}} \cdot \Theta = \frac{F \, \Theta}{n_0 \, y \, F + \Theta} \cdot \hat{\beta} \quad (101$$

oder

$$\hat{\beta} = \hat{P} \cdot y \, \frac{n_0}{\Theta} + \frac{\hat{P}}{F} \quad (102$$

Die Form der neutralen Axe nach Gleichung 100, sodann das zulässige $\hat{P}$ bei gegebenem $\hat{\beta}$ oder umgekehrt $\hat{\beta}$ für ein feststehendes $\hat{P}$ kann berechnet werden, sobald die Form der gebogenen Längsaxe gefunden ist; die Gleichung derselben ist also schliesslich noch zu suchen.

Aus Gleichung 98 in Verbindung mit 100 ergibt sich

$$r = \frac{\frac{\Theta}{F}\left(\frac{\hat{\varepsilon} \, F}{\hat{P}} - 1\right)}{y}$$

und weil mit ausreichender Schärfe $r = -\frac{1}{\frac{d^2 y}{dx^2}}$ gesetzt werden kann,

$$\frac{d^2 y}{dx^2} = -\frac{y}{\frac{\Theta}{F}\left[\frac{\hat{\varepsilon} \, F}{\hat{P}} - 1\right]} = -\frac{y}{t} \quad (103$$

Durch 2 malige Integration und unter Berücksichtigung, dass

$$\left(\frac{dy}{dx}\right)_{y = f} = 0 \text{ und } \left(y\right)_{x = 0} = p \text{ ist}$$

wird die gewünschte Curvengleichung

$$x = \sqrt{t} \, arc \sin \frac{y}{f} - \sqrt{t} \, arc \sin \frac{p}{f} \text{[1]} \quad (104$$

oder

$$y = f \sin \left[\frac{x}{\sqrt{t}} + arc \sin \frac{p}{f}\right] \quad (105$$

---

[1]) Die Integration der Differentialgleichung $\frac{d^2 y}{dx^2} = -\frac{y}{t}$ geschieht einfach nach Substitution von $\frac{dy}{dx} = u$; es ist dann $\frac{d^2 y}{dx^2} = \frac{du}{dx} = \frac{u \, du}{dy} = -\frac{y}{t}$, und folglich

Oder in anderer Form auch

$$y = p\left[\sin\frac{x}{\sqrt{t}}\cdot tg\frac{l}{2\sqrt{t}} + \cos\frac{x}{\sqrt{t}}\right]^{1)} \qquad (106$$

erhalten, und damit ist die Aufgabe gelöst, denn aus 104 oder 106 folgt für $x = \frac{l}{2}$ der zur Berechnung nothwendige Biegungspfeil

$$f = \frac{p}{\cos\frac{l}{2\sqrt{t}}} \qquad (107$$

b) Die Kraft $\hat{P}$ wirkt in der Längsaxe des Balkens.

Geht man von dem oben behandelten allgemeinen Fall auf den speziellen über, in welchem der Angriffspunkt der Kraft $\hat{P}$ in der

---

$$u^2 = -\frac{y^2}{t} + C = \frac{1}{t}(f^2 - y^2), \text{ da } \left(u = \frac{dy}{dx}\right)_{y=f} = 0$$

Weiter ist $dx = \frac{\sqrt{t}}{\sqrt{f^2 - y^2}}dy$

und hieraus, da auch $(y)_{x=0} = p$ stattfindet

$$x = \sqrt{t}\left[arc\sin\frac{y}{f} - arc\sin\frac{p}{f}\right]$$

oder nach y aufgelöst, $y = f\sin\left[\frac{x}{\sqrt{t}} + arc\sin\frac{p}{f}\right]$

[1]) Die Gleichung 106 ergibt sich durch Gegenüberstellung der Differentialgleichung $\frac{d^2y}{dx^2} = -\frac{y}{t}$ und der anderen $\frac{d^2y}{dx^2} = -n^2(A\sin nx + B\cos nx)$

Die wiederholte Integration der letzteren liefert $y = A\sin nx + B\cos nx$; die gesuchte Curvengleichung ist sohin

$$y = A\sin\frac{x}{\sqrt{t}} + B\cos\frac{x}{\sqrt{t}}$$

und weil $y = p$ für $x = 0$ und $x = l$, und daher $B = p$ und

$A = \frac{p}{\sin\frac{l}{\sqrt{t}}}\left(1 - \cos\frac{l}{\sqrt{t}}\right)$ ist, schliesslich

$$y = p\left[\sin\frac{x}{\sqrt{t}}\,tg\frac{l}{2\sqrt{t}} + \cos\frac{x}{\sqrt{t}}\right]$$

Balkenaxe liegt, indem man in den oben gefundenen Relationen $p = 0$ setzt, so erhält man

$$y = f = 0, \; u = \infty, \; \hat{\beta} = \frac{\hat{P}}{F}$$

Die neutrale Axe liegt ausserhalb des Balkens, alle Fasern werden comprimirt, die Druckspannung ist gleichmässig über den ganzen Querschnitt vertheilt und ist unabhängig von der Länge l. Dieses Resultat ist erklärlich, denn wenn die Kraft genau nach der Balkenaxe wirkt, so ist, theoretisch genommen, kein Grund vorhanden, weshalb der Balken gebogen werden sollte; er wird nur eine Compression erleiden. In Wirklichkeit tritt nun aber aus verschiedenen Gründen immer auch eine Biegung ein, sobald nur die Länge des Balkens einigermassen beträchtlich wird, so dass zu den über die Querschnittsflächen gleichmässig vertheilten Druckspannungen, auch noch Biegungsspannungen treten und die Anstrengung des Balkenmaterials grösser wird, als wenn die Biegung verhindert wäre.

Es fragt sich, wie die jetzt gültigen Relationen aufgefunden werden können. Ein bestimmter Schluss kann sogleich gezogen werden: Setzt man nämlich den Hebelarm $p = 0$ unter der Voraussetzung, dass der Biegungspfeil eine von Null verschiedene Grösse habe, so liefert die Gleichung 107

$$f = \frac{p}{\cos \frac{l}{2\sqrt{t}}} = 0$$

die Bedingung

$$\cos \frac{l}{2\sqrt{t}} = 0$$

oder

$$\frac{l}{\sqrt{t}} = \pi$$

oder, nachdem der Werth von t nach Gleichung 103 eingesetzt ist,

$$\hat{P} = \frac{\hat{\varepsilon} F}{1 + \frac{F l^2}{\pi^2 \Theta}} \qquad (108$$

Der so bestimmte Werth von $\hat{P}$ ist unabhängig von der Grösse des Biegungspfeiles f. Er ist also im Stande, jede beliebige Biegung und auch die Bruchbiegung zu erzeugen; er stellt die Zerknickungskraft selbst vor.

Weiter hat man für den vorliegenden speziellen Fall aus Gleichung 105 für $p = 0$ die Biegungscurve

$$y = f \sin \frac{x}{\sqrt{t}} = f \sin \frac{x}{\sqrt{\frac{\Theta}{F}\left(\frac{\hat{\varepsilon} F}{\hat{P}} - 1\right)}} \quad (109$$ [1])

und den allgemeinen Gleichungen 101 und 102 entsprechend für den gefährlichen Querschnitt, für welchen $y = f$ ist

$$\hat{P} = \frac{F \Theta}{n_0 f F + \Theta} \cdot \hat{\beta} \quad (110$$

$$\text{und} \quad \hat{\beta} = \hat{P} f \frac{n_0}{\Theta} + \frac{\hat{P}}{F} \quad (111$$

an deren Stelle die folgenden einfacheren Ausdrücke

$$\hat{P} = \frac{\pi^2 \hat{\varepsilon} \Theta}{l^2} \quad (108a$$

$$y = f \sin \frac{x}{\sqrt{\frac{\hat{\varepsilon} \Theta}{\hat{P}}}} \quad (109a$$

treten, sobald man, wie manche Ingenieure, die neutrale Axe mit der Längsaxe des Balkens zusammenfallend annimmt.

Die Gleichungen 109—111 enthalten den Biegungspfeil f, welcher, wie oben auseinandergesetzt worden, theoretisch nicht bestimmt werden kann. Wäre derselbe gegeben, so liesse sich z. B. aus Gleichung 110 die erforderliche Querschnittsfläche F berechnen, sobald für $\hat{\beta}$ die zulässige Druckspannung des Balkenmaterials eingesetzt wäre. Man erkennt dabei aus der besonderen Form

$$F = \frac{\hat{P}}{\left[\frac{1}{1 + \frac{n_0 f F}{\Theta}}\right] \hat{\beta}} \quad (112$$

[1]) Wird der Ursprung der Coordinaten in halber Höhe angenommen, so nimmt die Gleichung der gebogenen Axe die Form an:

$$y = f \cos \frac{x}{\sqrt{t}}$$

dieser Gleichung, dass ein auf Knickung beanspruchter Balken berechnet werden kann, als wenn er einfach rückwirkend angegriffen wäre, wenn nur die im letzteren Falle zulässige Druckspannung, entsprechend der Grösse der Knickungsgefahr, verringert wird.

Ein Ausdruck für f, welcher von vielen Ingenieuren festgehalten wird, ist der folgende:

$$f = \varkappa \frac{l^2}{n_0} \qquad (113$$

welcher an sich eine gewisse Wahrscheinlichkeit besitzt, indem die Biegungsgrösse erfahrungsgemäss mit der Balkenlänge sehr rasch zu-, bei wachsenden Querschnittsdimensionen dagegen abnimmt, der ausserdem aber auch durch Versuche geprüft ist.

Für $\varkappa$ werden folgende Werthe angenommen:

bei Schmiedeisen, wenn die Balkenenden abgeplattet, 0,00008,
wenn abgerundet 0,00024,
„ Gusseisen 0,00025, wenn abgerundet 0,00075.

Mit Berücksichtigung dieses Ausdruckes für f geht schliesslich Gleichung 112 in die nachstehende

$$F = \frac{\hat{P}}{\left(\dfrac{1}{1 + \varkappa l^2 \dfrac{F}{\Theta}}\right)\hat{\beta}} = \frac{\hat{P}}{\dfrac{1}{\mu} \cdot \hat{\beta}} = \frac{\hat{P}}{\hat{\beta}_m} \qquad (114$$

über.

Der Coefficient $\mu = 1 + \varkappa\, l^2 \frac{F}{\Theta}$, welcher angibt, um wie viel die für ganz kurze Stäbe zulässige Druckspannung $\hat{\beta}$ mit Rücksicht auf die bei grösseren Längen mögliche Knickung vermindert werden muss, lässt sich in jedem besonderen Falle leicht berechnen. Zur Vervollständigung sind ausserdem in der nachstehenden Tabelle praktisch erprobte Werthe von μ zusammengestellt, welche von den berechneten, namentlich für grössere Werthe des Verhältnisses $\frac{l}{b}$, etwas abweichen.

Es bedeutet l die freie Knickungslänge,

$b = m + n$ die kleinste Breite des Querschnittes,

d die kleinste Flanschen- oder Schenkeldicke (im Minimum $\frac{1}{20}\, b$)

e die kleinste Wandstärke (im Minimum $\frac{1}{60}\, b$)

Tabelle II

für $\mu = \frac{\hat{\beta}}{\hat{\beta}_m}$

$\frac{l}{b}$	Querschnittsform					
	Vollkreis. Durchmesser b	Rechteck. Kleine Seite b	Winkel, Kreuz, Doppel T. Der Schenkel oder Flanschen Breite b Dicke d	U Form. Schenkelhöhe b Schenkeldicke d T Form. Steghöhe b Stegdicke $2\,d$	Kreisring. Aeusserer Durchmesser b Wandstärke e	Quadrat. Röhren-Querschnitt Seite b Wandstärke e
3	1,01	1,01	1,02	1,01	1,01	1,01
6	1,06	1,04	1,09	1,03	1,03	1,02
8	1,10	1,08	1,15	1,06	1,05	1,04
10	1,16	1,12	1,24	1,10	1,08	1,06
12	1,23	1,17	1,35	1,14	1,12	1,09
14	1,31	1,24	1,47	1,19	1,16	1,12
16	1,41	1,31	1,61	1,24	1,20	1,15
18	1,52	1,39	1,78	1,31	1,26	1,19
20	1,64	1,48	1,96	1,38	1,32	1,24
22	1,77	1,58	2,16	1,46	1,39	1,29
24	1,92	1,69	2,38	1,54	1,46	1,35
26	2,08	1,81	2,62	1,65	1,54	1,41
28	2,25	1,94	2,88	1,75	1,63	1,47
30	2,44	2,08	3,16	1,86	1,72	1,54
32	2,64	2,23	3,46	1,98	1,82	1,61
34	2,85	2,39	3,77	2,11	1,92	1,69
36	3,07	2,56	4,11	2,24	2,04	1,78
38	3,31	2,73	4,47	2,39	2,16	1,87
40	3,6	2,9	4,8	2,54	2,3	2,0
42	3,8	3,1	5,2	2,7	2,4	2,1
44	4,1	3,3	5,6	2,9	2,6	2,2
46	4,4	3,5	6,1	3,0	2,7	2,3
48	4,7	3,8	6,5	3,2	2,8	2,4
50	5,0	4,0	7,0	3,4	3,0	2,5
55	5,8	4,6	8,3	3,9	3,4	2,9
60	6,8	5,3	9,6	4,5	3,9	3,2
65	7,8	6,1	11,1	5,1	4,4	3,5
70	8,8	6,9	12,8	5,7	4,9	4,0
75	10,0	7,8	14,5	6,4	5,5	4,4
80	11,2	8,7	16,4	7,1	6,1	4,8
90	14,0	10,7	20,4	8,8	7,5	5,9
100	17,0	13,0	25,0	10,6	9,0	7,0

V. Zulässige Spannungen.

Nachdem die im Innern der Constructionstheile auftretenden Kräfte nach Anleitung der vorausgehenden und nachfolgenden Abschnitte dieses Buches bestimmt sind, kommt es darauf an, die Querschnittsdimensionen so zu bemessen, dass eine entsprechende Sicherheit auf die Dauer verbürgt ist. Hierzu ist die Kenntniss der Spannungen nöthig, welche dem Brückenbaumaterial zugemuthet werden dürfen.

a) Aeltere Annahmen der zulässigen Spannungen.

§ 26. Als man zum ersten Mal Eisen als Brückenbaumaterial, namentlich für Eisenbahnzwecke, in Anwendung bringen wollte, stand noch nicht fest, welche Anstrengung demselben auf die Dauer zugemuthet werden dürfe. Man sah ein, dass die Festigkeit des Eisens durch die Erschütterungen in Folge der grossen Geschwindigkeit, mit welcher sich die schwerbeladenen Fahrzeuge bewegten, auch in besonders hohem Grade in Anspruch genommen werden würde, allein es lagen noch keine Erfahrungen zur Beurtheilung der Grösse dieses Einflusses vor; es waren bis dahin noch keine Constructionen unter so ungünstigen Umständen zur Ausführung gekommen. Man verminderte nun die für weniger gefährliche Fälle üblichen, und durch langjährige Erfahrungen sanctionirten Werthe der zulässigen Spannungen einfach nach dem praktischen Gefühle und setzte den 6. bis 10. Theil der Bruchspannung als zulässig fest.

Versuche zur Begründung solcher Annahmen wurden, wie es scheint, zuerst im Jahre 1847 von einer Regierungscommission englischer Autoritäten unternommen. [1]) Dieselben erstreckten sich hauptsächlich auf den Einfluss von Stössen, welchen Träger aus Guss- und Schmiedeisen ausgesetzt werden, und von oft wiederholten Belastungen unter gleichzeitigem Auftreten von Erschütterungen, endlich auf den Einfluss, welchen das Bewegtsein von Lasten auf die Anstrengung der genannten Eisenarten äussert.

In ersterer Beziehung wurden gegen die Mitte der mit ihren Enden festgehaltenen Stäbe Stösse ausgeübt mittelst Kugeln, die an langen Drähten aufgehängt waren, so dass sie in pendelartige Schwingungen versetzt werden konnten. Es zeigte sich, dass alle Stäbe durch eine

---

[1]) Civil-Engineer und Architect's-Journal 1850. In deutscher Uebersetzung in der Ztschft. des österr. Ing.-Vereins, 1850, S. 125, in französischer Uebersetzung in Annales des ponts et chaussée's 1851, 2, pag. 193.

grössere Anzahl von Stössen gebrochen werden konnten, sobald der einzelne Stoss eine Durchbiegung gleich der Hälfte von jener zu erzeugen im Stande war, welche dem in der Trägermitte ruhenden Bruchgewichte entsprach. Kam dagegen die durch den einmaligen Anschlag der Kugel bewirkte seitliche Ausbiegung nur dem 3. Theile jener statischen Bruchbiegung gleich, so erfolgte der Bruch auch nach einer sehr grossen Zahl von Anschlägen nicht mehr. Aehnliches ergab sich, wenn die Stäbe mittelst eines durch Dampf in Bewegung gesetzten Däumlings unter gleichzeitiger Erschütterung sehr oft nach einander gebogen wurden; auch hier brachen die Stäbe (nach ca. 900 Biegungen) sobald die jedesmalige Durchbiegung der Hälfte des Biegungspfeiles gleich war, welcher dem Bruche unter ruhender Belastung unmittelbar vorherging; erreichte sie aber nur ein Drittel desselben, so hielten die Stäbe aus, selbst nach sehr vielen (100000) wiederholten Anstrengungen.

Um endlich den Einfluss des Bewegtseins der Lasten zu studiren, ertheilte man einem Wagen, dessen Gewicht nach Belieben verändert werden konnte, durch Herabrollen über geneigte Bahngeleise bestimmte Geschwindigkeiten, mit welchen er dann die am Fusse der Rampen eingelegten Träger passiren musste, und mass an besonderen Vorrichtungen die Grösse der erzielten Durchbiegungen. Die so gewonnenen Versuchsergebnisse, zusammen mit theoretischen Betrachtungen, welche unter gewissen Voraussetzungen angestellt werden können, constatirten die Zunahme der Ausbiegung durch die Bewegung überhaupt und den ungefähren Werth derselben in den praktischen Fällen.

Auf Grund all' dieser Versuche stellte die Commission die Regel auf, ein Brückenträger müsse mindestens so stark construirt werden, dass er unter der stärksten Verkehrsbelastung und bei deren grössten Geschwindigkeit höchstens eine Durchbiegung gleich dem Drittel von jener erleide, welche dem ruhenden Bruchgewichte desselben zugehöre.

Diess ist nun bemerkenswerther Weise fast gleichbedeutend mit der Annahme 5—6 facher Bruchsicherheit, d. h. der Festsetzung der zulässigen Spannung auf $^1/_5$—$^1/_6$ der Bruchspannung unter ruhender Belastung.[1])

---

[1]) Als Erläuterung mag folgendes Beispiel dienen:

Für einen schmiedeisernen Träger von nachstehendem Querschnitt (Fig. 38), dessen Gewicht pr. Decimeter $\hat{p} = 0{,}00337^{T}$ betrug, mit dem Trägheitsmoment $\Theta = 0{,}2804$ für die horizontale Schwerpunktsaxe in der Höhe $m = 1{,}161^{dcm}$ über

Von den Arbeiten der englischen Commission nahm man sehr gründlich Notiz beim Entwurf von Normalien für die hannoverischen Staatsbahnen[1]), sonst aber scheint nur ihr Endresultat allgemeiner bekannt geworden sein. Auch dieses, als Ausfluss jener Quelle, trat

der Basis, bestimmte Fairbairn bei einer Stützweite $l = 30{,}5^{dcm}$ die Durchbiegungen, welche durch in der Mitte angebrachte concentrirte Lasten ($\hat{P}$) zusammen mit dem Eigengewicht ($\hat{p}l$) erzeugt wurden.

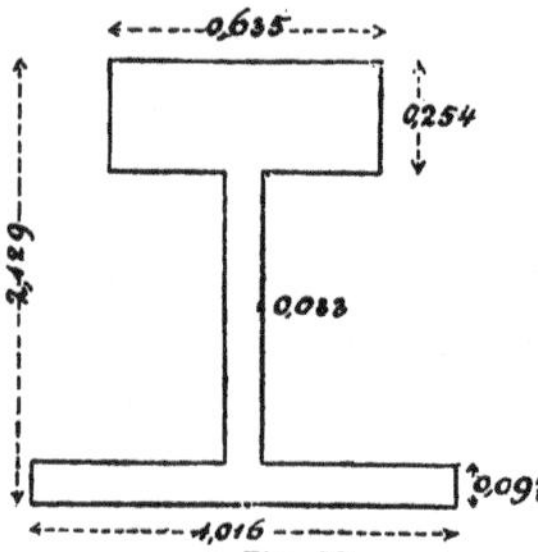

Fig. 38.

Für die concentrirten Lasten $\hat{P}$ ergaben sich die totalen Durchbiegungen f

$\hat{P}$		f
0,40091 Tonnen .		$0{,}0102^{dcm}$
1,15819		0,0306
1,95560		0,0510
2,75000		0,0661
3,50758		0,0890
4,30033	. . . . . .	0,1168
5,09761 . . .	. (Bruchbiegung)	0,1524

Für einen seiner ganzen Länge nach gleichmässig mit $\hat{p}$, und in der Mitte concentrirt mit $\hat{P}$ belasteten Träger ist der Biegungspfeil

$$f = \frac{1}{48}\left[\hat{P} + \frac{5}{8}\hat{p}\,l\right]\frac{l^3}{\hat{\varepsilon}\,\Theta}$$

worin $\hat{\varepsilon} = 116630{,}333$ den für Tonnen und Decimeter ausgedrückten Elasticitätsmodul bedeutet, welcher bei den vorliegenden Versuchen besonders erhoben worden ist.

Da ferner das Moment in der Trägermitte

$$\hat{\mathfrak{M}} = \frac{12}{48}\,l\left[\hat{P} + \frac{4}{8}\hat{p}\,l\right] = \frac{\hat{\alpha}}{m}\cdot\Theta$$

wobei $\hat{\alpha}$ die Spannung in den äussersten gezogenen (oder gedrückten) Fasern und m den Abstand derselben von der horizontalen Schwerpunktsaxe bedeutet, so geht die Gleichung für f in die folgende über

$$f = \frac{\hat{\alpha}\,l^2}{12\,\hat{\varepsilon}\,m} + \frac{1}{384}\,\frac{\hat{p}\,l^4}{\hat{\varepsilon}\,\Theta}$$

aus welcher sich die grösste im Träger herrschende Zug- (oder Druck-) Spannung für bestimmte Werthe von f rechnen lässt.

Setzt man die Durchbiegung zunächst $\frac{1}{3}$ 0,1524 = 0,0508 und, weil nach den Untersuchungen der Commission die statische Ausbiegung eines $30{,}5^{dcm}$ langen Trägers durch eine Lastgeschwindigkeit von 25^m in der Secunde um ca. $^1/_3$ ihres Betrags vergrössert wird,

$$f = 0{,}038^{dcm}$$

so liefert die obige Gleichung

$$\hat{\alpha} = 65{,}97\ {}^{T}\ \text{pro}\ \square^{dcm}$$

[1]) Notizblatt des A.- und I.-Vereins für das Königreich Hannover 1851/52, S. 96 und 1852/53, S. 461.

in dem Masse in den Hintergrund, als sich im Laufe der Jahre die selbstständigen Erfahrungen mit Brückenbauten auf den Bahnen des Continents mehrten. Man überzeugte sich, dass den starken Erschütterungen, etwaigen Materialfehlern, den Angriffen von Atmosphärilien, sodann dem Umstande, dass die theoretisch angenommene gleichmässige Vertheilung der Spannungen über die Querschnittsflächen praktisch nicht vollständig zutrifft, und anderen ähnlichen Verhältnissen in ausreichendem Masse Rechnung getragen würde, wenn die eisernen Brücken mit ungefähr 6facher Bruch- oder 2facher Grenzsicherheit construirt würden. Die Dimensionen wurden demnach so gewählt, dass auch unter der ungünstigsten Einwirkung der äusseren Kräfte die Spannungen den 6. Theil der Bruchspannung oder die Hälfte jener Spannung, bei welcher sich bleibende Formänderungen bemerklich machen, also 60—80^{t} pro $\square^{\mathrm{dcm}}$ nicht überschreiten können.

Ist $\hat{Z}_p$ die durch das ruhende Brückengewicht in einem Constructionstheile hervorgebrachte Zug- oder Druckkraft, $\hat{Z}_k$ die, welche im schlimmsten Falle durch den Verkehr allein bewirkt wird, so ergibt sich die nothwendige Querschnittsfläche F in $\square^{\mathrm{dcm}}$ aus der Gleichung

$$\frac{\hat{Z}_p + \hat{Z}_k}{60} = F \tag{115}$$

Auch hinsichtlich der Schubfestigkeit wurde der fünfte Theil der betreffenden Bruchspannung als zulässig auf die Dauer erachtet. Die nachstehende Tabelle III enthält die gewöhnlich empfohlenen Zahlen auch für Holzmaterialien, unter welchen die auf die Schubfestigkeit bezüglichen am wenigsten zuverlässig sind.

Tabelle III.

Die Zahlen bedeuten Tonnen pro Quadratdecimeter.

Materialien	Zugfestigkeit	Zulässige Spannung		Rückwirkende Festigkeit	Zulässige Spannung		Schubfestigkeit	Zulässige Spannung
		bis zur Elasticitätsgrenze	auf die Dauer		bis zur Elasticitätsgrenze	auf die Dauer		
Schmiedeisen	400	160	60	323	160	60	360	60
Stahl	500—800	200—300	100	—	—	—	—	—
Gusseisen	115	65	40	800	200	120	110	22
Eichenholz	81	26	8	54	21,5	6,5		
Fichtenholz	80	23	8	40	17	6		
Föhrenholz	105	29	10,5	52,5	22	8		

Ausführlicheres siehe Heinzerling, die angreifenden und widerstehenden Kräfte der Brücken- und Hochbau-Constructionen. Daselbst sind verschiedene Anmerkungen über die Literatur gegeben.

Schliesslich mögen noch die folgenden Bemerkungen zur Illustrirung dienen. Eine vom österreichischen Ingenieur-Verein aufgestellte Commission sprach sich im Jahre 1866 über die Beanspruchung des Eisens bei Brückenbauten dahin aus, dass dieselbe nicht grösser als 1/5 der constatirten absoluten Festigkeit des zu verwendenden Materials sein, und falls spezielle Versuche hierüber nicht vorliegen, zu 69^T pro $\square^{dcm}$ angenommen werden solle. (Zeitschrift des öster. Ing.-Vereins 1866, S. 126.)

Die Ansichten der norddeutschen Constructeure können in einem Aufsatz der Zeitschrift für Bauwesen von Erbkam, 1862, S. 45 niedergelegt angesehen werden, in welchem die üblichen 10000 ℔ für den $\square''$ rheinisch, gleich 73^T pro $\square^{dcm}$ als zweckmässig bezeichnet werden.

In Frankreich nahm man 60^T pro $\square^{dcm}$ an.

Die Berechnungsweise nach Gleichung 115 war früher allgemein verbreitet und wird auch heute noch befolgt. Mangelhaft an ihr ist, dass die Wirkungen des ruhenden Brückengewichtes und der bewegten Verkehrslast gleichgewichtig betrachtet werden. Wenn nämlich eine in Bewegung befindliche Last das Material stärker anstrengt, als eine gleich grosse ruhende, wenn also gerade wegen des Bewegtseins der Fahrzeuge ein höherer Sicherheitsgrad nothwendig wird, so ist dieser je nach dem Verhältniss der ruhenden zur bewegten Last verschieden zu nehmen.

Manche Ingenieure haben desshalb schon seit längerer Zeit die zulässige Spannung mit der Brückenweite wachsend angenommen, so dass sie von 60^T an bis ca. 80^T gingen, und namentlich Gerber hat zuerst bei Projectirung der Eisenbahnbrücke über den Rhein bei Mainz an Stelle der Gleichung 115 die folgende gesetzt

$$\frac{\hat{Z}_p + 3\,\hat{Z}_k}{160} = F \tag{116}$$

welche ausdrückt, dass die zulässige Spannung unter ruhender Belastung bis zur Elasticitätsgrenze (bei 160^T) gehen, unter bewegter Belastung aber nur $\frac{160}{3} = 53{,}3^T$ betragen solle, und welche für kleine Spannweiten, bei welchen das Eigengewicht gegen die Verkehrslast zurücktritt, stärkere Dimensionen liefert, als für grössere Brücken, bei welchen das umgekehrte Verhältniss stattfindet. Statt des Coefficienten 3 (Sicherheitsgrad oder relative Tragfähigkeit) wurde später ein etwas kleinerer gesetzt; beide aber waren den damals noch festgehaltenen Anschauungen über die zulässige Anstrengung des Eisenmaterials angepasst.

b) Zulässige Spannungen auf Grund neuer Versuche.

§ 27. Bei den durch die Gleichungen 115 und 116 dargestellten Annahmen ist der besonders starken Anstrengung des Brückenbaumaterials im Ganzen Rechnung getragen, ohne Rücksicht auf die eigenthümliche Art der verstärkten Anspruchnahme. In neuerer Zeit hat man mehr Einsicht in das Wesen derselben erlangt durch Versuche, welche von Wöhler, damals Obermaschinenmeister der Niederschlesisch-Märkischen Bahn, im Auftrag der preussischen Regierung in den Jahren 1859/70 angestellt worden sind[1]).

Das interessante Resultat dieser Versuche ist nämlich folgendes:

> Der Bruch eines gezogenen, gebogenen oder gedrehten Stabes kann nicht nur durch einmalige Belastung herbeigeführt werden, so dass die Cohäsion des Materials überwunden wird, sondern auch durch wiederholte Belastungen, welche unter jener „ruhenden Bruchbelastung" bleiben, aber bewirken, dass die Spannung im Stabe jedesmal zwischen 2 Grenzwerthen ($\hat{\alpha}_p$ u. $\hat{\alpha}_p + \hat{\alpha}_k$) wechselt, „schwingt." Ob der Bruch eintritt oder nicht, hängt von dem Werthe ($\hat{\alpha}_p + \hat{\alpha}_k$) ab, den die Spannung dabei annimmt, sodann von der Spannungsdifferenz ($\hat{\alpha}_k$) während einer Schwingung und endlich von der Anzahl (ν) der auf einander folgenden Schwingungen.

Je näher die obere Spannungsgrenze an die Bruchspannung unter ruhender Belastung rückt, oder je grösser die Spannungsdifferenz ist, desto weniger Schwingungen sind zur Herbeiführung des Bruches erforderlich, und je grösser die Spannungsdifferenz gewählt wird, desto niedriger ist im Allgemeinen die obere Spannungsgrenze zu setzen.

Als Erläuterung können die folgenden Versuchsergebnisse dienen:

Belastete Eisenstäbe von der Gesellschaft Phoenix.

Continuirlich gedreht.

Grösste Faserspannung.		Zahl der Umdrehungen bis zum Bruch.
in Ctr. pro □''rh	in Tonnen pro □dcm	
320	233,9	56430
300	219,2	99000
280	204,6	183145
260	190,0	479490

[1]) Zeitschrift für Bauwesen von Erbkam, 1858, 1860, 1863, 1866, 1870.

Grösste Faserspannung. in Ctr. pro □″ rh.	in Tonnen pro □dcm	Zahl der Umdrehungen bis zum Bruch.
240	175,4	909810
220	160,8	3632588
200	146,2	4917992
180	131,5	19186791
160	116,9	—

Bei 160 Ctr. grösster Faserspannung war der Stab nach 132250000 Anstrengungen noch im Betrieb.

Stäbe aus eisernen Axen von der Gesellschaft Phönix, geliefert im Jahre 1857.

Continuirlich gedehnt.

	Grösste Faserspannung. in Ctr. pro. □″ rh.	in Tonnen pro □dcm	Zahl der Dehnungen bis zum Bruch.
1)	480	350	800
2)	440	321,6	106910
3)	400	292,3	340853
4)	360	263,1	409481
5)	360	263,1	480852
6)	320	234	10141645
Eingrenzende Faserspannungen.			
7)	440 . 200	321,6 . 146,2	2373424
8)	440 . 240	321,6 . 175	—

Bei Nr. 8 war der Stab nach 4 Mill. Dehnungen noch im Betrieb.

Stäbe aus Gussstahlaxen vom Bochumer Verein.

Continuirlich nach einer Richtung gebogen.

	Grösste Faserspannung. in Ctr. pro □″ rh.	in Tonnen pro □dcm	Zahl der Biegungen bis zum Bruch.
1)	700	511,6	104300
2)	600	438,5	317275
3)	550	401,9	612500
4)	500	365,4	729400
5)	500	365,4	1499600
6)	450	328,9	—

Bei 450 Ctr. grösster Faserspannung war der Stab nach 43000000 Biegungen noch im Betrieb.

Bei allen Versuchen mit wechselnder Belastung bildete sich zuerst nach einer kleinen Anzahl von Wiederholungen die der oberen Spannungsgrenze zugehörige bleibende Formänderung aus, von da ab während der sehr grossen Zahl der folgenden Wiederholungen konnte eine Minderung der Elasticität nicht beobachtet werden, nur kurz vor Eintritt des Bruches wurde eine solche bemerkbar. Es scheint sohin, dass erst nachdem der grösste Theil der zum Bruche erforderlichen Wiederholungen geschehen ist, eine wesentliche Verschiebung der Atome und damit die Gefahr des nun nahe bevorstehenden Bruches eintritt. Mit Rücksicht hierauf und auf die rasche Zunahme der Schwingungszahlen bei abnehmender Spannungsdifferenz, wie sie beispielsweise aus den vorstehenden Angaben ersichtlich wird, ist der Schluss erlaubt,

> dass für jeden Spannungswerth $\hat{a}_p$ eine Differenz $\hat{a}_k$ existirt, bei welcher, selbst nach einer für irdische Verhältnisse als unendlich gross zu bezeichnenden Anzahl von Wiederholungen, der Bruch nicht mehr erfolgt.

Wäre der Zusammenhang dieser Grössen

$$\varphi\ (\hat{a}_p,\ \hat{a}_k) = 0 \qquad (117$$

bekannt, so liesse sich für jeden gegebenen Werth von $\hat{a}_p$ das zugehörige $\hat{a}_k$ berechnen.

§ 28. Schon im Jahre 1872 hat Director Gerber[1]) den geometrischen Ort der Function (117) als Parabel bestimmt, nachdem er einige Eigenschaften derselben aus den Beobachtungen Wöhlers und mit Hülfe von theoretischen Betrachtungen abgeleitet hatte, welche zur Ergänzung der ersteren dienen mussten, die weder für Druckfestigkeit, noch für den Wechsel ungleich grosser Zug- und Druckspannungen zur Ausführung gekommen waren.

Eine dieser Eigenschaften liegt offen vor Augen: Je kleiner die Differenz $\hat{a}_k$ ist, desto grösser kann $\hat{a}_p$ genommen werden. Verschwindet $\hat{a}_k$, d. h. findet eine wiederholte Belastung überhaupt nicht mehr statt, so geht $\hat{a}_p$ in die constante Spannung $\hat{a}^*$ über, für welche der Bruch eben noch nicht eintritt. Zwei zusammengehörige Werthe, welche der Function φ Genüge leisten müssen, sind demnach

$$\left.\begin{aligned} \hat{a}_p &= \hat{a}^* \\ \hat{a}_k &= 0 \end{aligned}\right\} \qquad (118$$

Eine andere Eigenschaft bestimmte Gerber aus den Erfahrungen Wöhlers und mit Zugrundlegung einer Hypothese über die Constitution

[1]) Bestimmung der zulässigen Spannungen in Eisenconstructionen, April 1872, als Manuscript gedruckt, sodann

Dieselbe erweiterte Abhandlung in der Ztschft. des bayer. A.- und I.-Vereins 1874 und als Separatabdruck.

der Materie. Unter der Voraussetzung eines gleichen Verhaltens des Eisens oder Stahles gegen Zug und Druck ist die Annahme zulässig, dass wenn der Bruch für eine Zugspannungsdifferenz nicht mehr eintritt, dies auch mit der gleich grossen Druckspannungsdifferenz der Fall ist. Trägt man auf einer Geraden von einem angenommenen Nullpunkt O aus nach rechts die Zug-, nach links die negativ gedachten Druckspannungen auf, und sind $\hat{\alpha}_p$ und $\hat{\alpha}_p + \hat{\alpha}_k$ zwei zusammengehörige Werthe der ersteren, welche ohne Gefahr ausserordentlich oft wiederholt werden dürfen, so ist in symmetrischer Lage gegen O auf der linken Seite ein Paar von Werthen

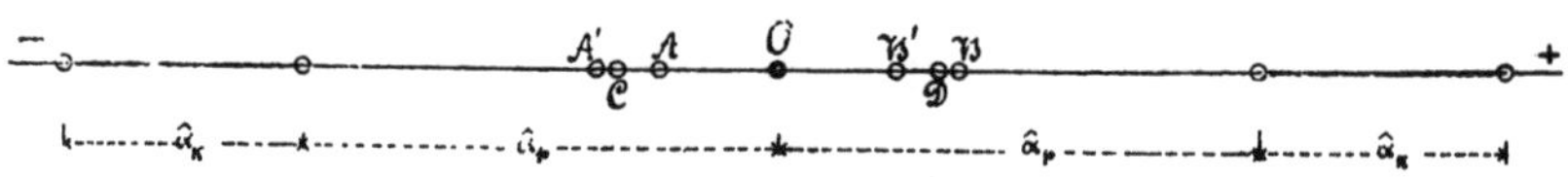

Fig. 39

$-\hat{\alpha}_p$ und $-(\hat{\alpha}_p + \hat{\alpha}_k)$ gegeben, für welche das Gleiche stattfindet. Es sind

$$\left.\begin{matrix} -(\hat{\alpha}_p + \hat{\alpha}_k), & +\hat{\alpha}_k \\ +\hat{\alpha}_p & +\hat{\alpha}_k \end{matrix}\right\} \qquad (119$$

2 Paare von Werthen, welche die Funktion φ erfüllen müssen. In den gleichen Weise würden auch die symmetrisch zu O gelagerten Strecken $A\,B$ und $A'\,B'$ 2 Paare zusammengehöriger Zug- und Druckspannungen, bezeichnen; und eine Strecke CD, in deren Mitte der Punkt O liegt, stellt die Differenz zwischen zwei gleich grossen Zug- und Druckspannungen $O\,D$ und $O\,C$ vor und erscheint als Maximalwerth der Differenz, weil beide Spannungsgrenzen hierbei am weitesten von der Bruchspannung unter ruhender Belastung entfernt sind:

$$\text{Max. } \hat{\alpha}_k = 2\,\hat{\alpha}_p \qquad (120$$

Die erwähnten Eigenschaften besitzt eine Parabel, welche gegen das rechtwinkelige Coordinatensystem $O\alpha_p$ und $O\alpha_k$ die in Fig. 40 dargestellte Lage hat.

Die Verbindungslinie des Ursprungs O mit dem Endpunkt O' der Maximalordinate ist ein Durchmesser der Parabel, folglich deren Gleichung bezogen auf diesen und die in O' gezogene Tangente

$$v^2 = 4\,r_0\,u \qquad (121$$

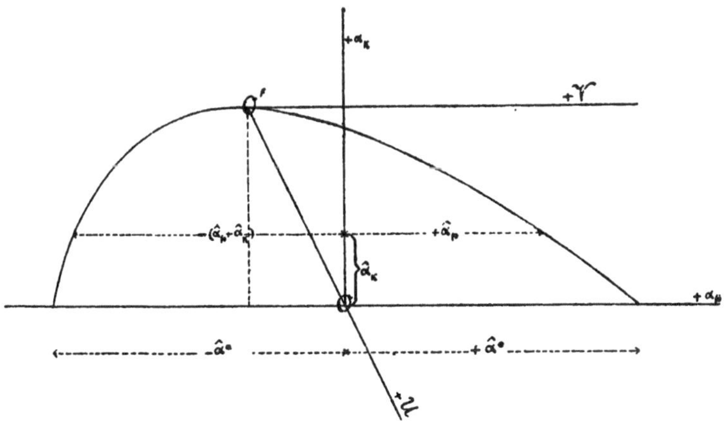

Fig. 40.

Die Transformationsgleichungen zum Uebergang aus dem schiefen System $V\,U$ auf das orthogonale $\alpha_p\ \alpha_k$ sind

$$\left.\begin{aligned} u &= -\frac{1}{2}\sqrt{5}\,\left(\hat{\alpha}_k - \text{Max.}\ \hat{\alpha}_k\right) \\ v &= \hat{\alpha}_p + \frac{1}{2}\,\hat{\alpha}_k \end{aligned}\right\} \tag{122}$$

und daher die Parabelgleichung für das letztere Axensystem

$$\hat{\alpha}_p^2 + \frac{1}{4}\,\hat{\alpha}_k^2 + \hat{\alpha}_p\,\hat{\alpha}_k = -2\,r_0\sqrt{5}\,\left(\hat{\alpha}_k - \text{Max.}\ \hat{\alpha}_k\right) \tag{123}$$

oder weil

$$\left(\hat{\alpha}_p\right)_{\hat{\alpha}_k = 0} = \hat{\alpha}^* \text{ und desshalb auch } 2\,r_0\sqrt{5} = \frac{\left(\hat{\alpha}^*\right)^2}{\text{Max.}\ \hat{\alpha}_k}$$

$$\hat{\alpha}_p^2 + \frac{1}{4}\,\hat{\alpha}_k^2 + \hat{\alpha}_p\,\hat{\alpha}_k + (\hat{\alpha}^*)^2\,\frac{\hat{\alpha}_k}{\text{Max.}\ \hat{\alpha}_k} = (\hat{\alpha}^*)^2 \tag{124}$$

Herr Gerber hat die rechtwinkeligen Coordinaten

$$\frac{\hat{\alpha}_k}{\hat{\alpha}^*} = \eta \text{ und } \frac{\hat{\alpha}_p}{\hat{\alpha}^*} = \alpha \tag{125}$$

gewählt und $\dfrac{\text{Max.}\ \hat{\alpha}_k}{\hat{\alpha}^*} = \eta'$ gesetzt, so dass sich seine Gleichung in der Form

$$\alpha^2 + \frac{1}{4}\,\eta^2 + \alpha\,\eta + \frac{\eta}{\eta'} = 1 \tag{126}$$

darstellt.

Unter den Versuchen von Wöhler befinden sich mehrere, bei welchen der Bruch selbst nach einer ausserordentlich grossen Zahl von wiederholten Anstrengungen nicht mehr eingetreten ist. Es sind damit zusammengehörige Werthe von $\hat{a}_p$ und $\hat{a}_k$ gegeben, welche die gefundene Gleichung erfüllen sollen und die deshalb zur Prüfung derselben dienen können. Nachstehende Tabelle enthält die für Eisenstäbe gefundenen Werthe in den ursprünglichen Einheiten Ctr. und □" rheinisch, und in Tonnen und □^dcm ausgedrückt, wie auch die aus der Gleichung 126 berechneten Werthe.

Tabelle IV.

Art der Anstrengung	Beobachtete Werthe					Berechnete Werthe	
	$\hat{a}_p$		$\hat{a}_k$		Der Bruch war noch nicht erfolgt nach Wiederholungen	$\hat{a}_p$	$\hat{a}_k$
	Ctr. pro □"	Tonnen pro □dcm	Ctr. pro □	Tonnen pro □dcm		in Tonnen pro □dcm	in Tonnen pro □dcm
Mittel aus Zug u. Biegung .	480	350	0	0	0	350	0
Dehnung	240	175	+ 200	+ 146	4000000	175	+ 126
Einseitige Biegung oder Dehnung	0	0	+ 300	+ 219	48000000	0	+ 212
Drehung im belasteten Zustand	— 160	— 117	+ 320	+ 234	132000000	— 117	+ 234

Die berechneten Werthe stimmen mit den beobachteten in befriedigender Weise überein; die Gleichung 126 kann als hinreichend genauer Ausdruck des Naturgesetzes betrachtet werden. Sie geht speziell für Eisen, für welches

$$\eta' = \text{Max. } \eta = \frac{\text{Max. } \hat{a}_k}{\hat{a}^*} = \frac{234}{350} = \frac{2}{3}$$

ist, über in die folgende

$$a^2 + \frac{1}{4}\eta^2 + a\eta + \frac{3}{2}\eta = 1 \qquad (127$$

Bei Dimensionirung der Brückentheile sind die Kräfte $\hat{Z}_p$ und $\hat{Z}_k$, welche einerseits durch das Brückengewicht, andererseits durch die

Verkehrsbelastung hervorgerufen werden, als bekannt anzusehen und die Aufgabe geht dahin, den Querschnitt F entsprechend gross zu bestimmen. Setzt man

$$\left.\begin{aligned} \alpha &= \frac{\hat{\alpha}_p}{\hat{\alpha}^*} = \frac{\hat{Z}_p}{F\,.\,\hat{\alpha}^*} \\ \eta &= \frac{\hat{\alpha}_k}{\hat{\alpha}^*} = \frac{\hat{Z}_k}{F\,.\,\hat{\alpha}^*} \end{aligned}\right\} \tag{128}$$

in die Gleichung 127 ein, so enthält dieselbe als unbekannte Grösse nur den Querschnitt F, welcher ausreichend ist, den Bruch unter wechselnder Belastung hintanzuhalten, selbst wenn für $\hat{\alpha}^*$ die Bruchspannung unter ruhender Belastung eingesetzt wird. Setzt man dagegen für $\hat{\alpha}^*$ nur 160^T auf den $\square^{dcm}$, so wird hierdurch, nach Allem, was bis jetzt erfahrungsgemäss feststeht, hinreichende Sicherheit gewonnen gegen alle Gefahren, welche aus Material- und kleinen Constructionsfehlern, sowie aus der Neigung des Eisens zum Rosten erwachsen; nur dem Einflusse der eigentlichen Stosswirkung bewegter Lasten müsste schliesslich noch auf besondere Weise Rechnung getragen werden. Von diesem letzteren Punkte abgesehen, ist die Aufgabe theoretisch gelöst; in der Anwendung aber macht es sich unangenehm fühlbar, dass F stets als Wurzel einer quadratischen Gleichung erscheint. Es soll jetzt gezeigt werden, auf welche Weise Herr Gerber grössere Bequemlichkeit der Rechnung erzielt hat.

Wie in der Gleichung 116 durch den Coefficienten 3 der stärkeren Wirkung der mobilen Belastung im Ganzen Rechnung getragen wurde, so lässt sich durch einen mit dem Verhältniss

$$\frac{\hat{Z}_p}{\hat{Z}_k} = \frac{\alpha}{\eta} = \varphi \tag{129}$$

variablen Coefficienten τ der Einfluss eines oft wiederholten Spannungswechsels gesondert darstellen durch die Relation

$$\hat{Z}_p + \tau\,\hat{Z}_k = 160\,F \tag{130}$$

oder mit Rücksicht auf 128

$$\alpha + \tau\,\eta = 1 \tag{130a}$$

Der Zusammenhang der Grössen $\hat{Z}_p$, $\hat{Z}_k$ und F ist in der Grundgleichung 127 in Verbindung mit 128 gegeben.

Aus 130a folgt zunächst

$$\eta = \frac{1}{\tau + \varphi} = \frac{1}{\sigma}$$

$$\alpha = \frac{\varphi}{\tau + \varphi} = \frac{\varphi}{\sigma}$$

und hierfür aus 127

$$\frac{\varphi^2}{\sigma^2} + \frac{1}{4} \cdot \frac{1}{\sigma^2} + \frac{\varphi}{\sigma^2} + \frac{3}{2} \cdot \frac{1}{\sigma} = 1 \qquad 131)$$

woraus

$$\sigma = \frac{1}{4}\left[3 + \sqrt{9 + (4\,\varphi + 2)^2}\right] \qquad (132$$

Der damit erzielte Vortheil ist klar: Aus der letzten Gleichung 132 kann ein für allemal für verschiedene Werthe von φ das zugehörige σ und damit das $\tau = \sigma - \varphi$ gefunden und in einer der oben erwähnten Abhandlung von Director Gerber entnommenen Tabelle V (Seite 77) zusammengestellt werden, so dass für jeden Constructionstheil, sobald $\hat{Z}_p$ u. $\hat{Z}_k$ bekannt, die Gleichung $\hat{Z}_p + \tau\,\hat{Z}_k = 160\,F$ angeschrieben werden kann. Diese vereinfacht sich übrigens noch etwas, denn für $\tau = \sigma - \varphi$ geht sie über in

$$\hat{Z}_p + (\sigma - \varphi)\,\hat{Z}_k = \sigma\,\hat{Z}_k = 160\,F$$

woraus

$$F = \frac{\sigma\,\hat{Z}_k}{160} \qquad (133$$

$\sigma\,Z_k$ stellt eine ruhende Last dar, das Aequivalent für die vereinigte ruhende und mobile Belastung, welcher der Constructionstheil thatsächlich unterliegt.

Es ist jetzt nur noch, wie schon früher erwähnt, dem Umstande in passender Weise Rechnung zu tragen, dass beim Verkehr auf der Brücke auch Stösse auftreten, in Folge von Unebenheiten der Fahrbahn und anderen Ursachen. In ausreichender Weise möchte diess geschehen, wenn man 1,5 $\hat{Z}_k$ statt $\hat{Z}_k$ setzt, so dass schliesslich die auf Grund der Wöhler'schen Versuche von Gerber aufgestellten Geichungen die Form

$$\left.\begin{aligned} F &= \frac{1{,}5\,\sigma\,\hat{Z}_k}{160} \\ \varphi &= \frac{\hat{Z}_p}{1{,}5\,\hat{Z}_k} \\ \sigma &= \frac{1}{4}\left[3 + \sqrt{9 + (4\,\varphi + 2)^2}\right] \end{aligned}\right\} \qquad (134$$

annehmen. $\hat{Z}_p$ und $\hat{Z}_k$, in Tonnen ausgedrückt, sind mit ihrem Vorzeichen einsusetzen, Zugkräfte positiv, Druckkräfte negativ. Die berechnete Querschnittsfläche F stellt $\square^{dcm}$ vor und entspricht der ständigen Belastung bei gleichzeitiger stärkster Verkehrsbelastung. Sollte die Summe $\hat{Z}_p + \hat{Z}_k < 0$ sein, so müsste F noch wegen der Gefahr des Zerknickens nach Massgabe der Gleichung 114 vergrössert werden. Ausserdem ist es nothwendig, sämmtliche Querschnittsflächen zu berechnen, wie sie durch das ruhende Brückengewicht allein bedingt sind, weil es vorkommen kann, dass sie grösser ausfallen, als die nach den Gleichungen 134 bestimmten.

Tabelle V.

$$\tau + \varphi = \sigma = \frac{1}{4}\left(3 + \sqrt{9 + (4\,\varphi + 2)^2}\right)$$

$$\varphi = -\frac{1}{2} \pm \sqrt{\sigma^2 - \frac{3}{2}\sigma}$$

Für $\varphi = 0$ oder -1 wird $\sigma = 1{,}6514$.

σ	φ	φ	Differenz	σ	φ	φ	Differenz
1,50	— 0,500	— 0,500		1,66	+ 0,015	— 1,015	18
1,51	— 0,377	— 0,623	123	1,67	+ 0,033	— 1,033	18
1,52	— 0,325	— 0,675	52	1,68	+ 0,050	— 1,050	17
1,53	— 0,286	— 0,714	39	1,69	+ 0,067	— 1,067	17
1,54	— 0,252	— 0,748	34	1,70	+ 0,083	— 1,083	16
1,55	— 0,222	— 0,778	30	1,71	+ 0,099	— 1,099	16
1,56	— 0,194	— 0,806	28	1,72	+ 0,115	— 1,115	16
1,57	— 0,168	— 0,832	26	1,73	+ 0,131	— 1,131	16
1,58	— 0,144	— 0,856	24	1,74	+ 0,146	— 1,146	15
1,59	— 0,122	— 0,878	22	1,75	+ 0,161	— 1,161	15
1,60	— 0,100	— 0,900	22	1,76	+ 0,176	— 1,176	15
1,61	— 0,079	— 0,921	21	1,77	+ 0,191	— 1,191	15
1,62	— 0,059	— 0,941	20	1,78	+ 0,206	— 1,206	15
1,63	— 0,040	— 0,960	19	1,79	+ 0,220	— 1,220	14
1,64	— 0,021	— 0,979	19	1,80	+ 0,235	— 1,235	15
1,65	— 0,003	— 0,997	18	1,81	+ 0,249	— 1,249	14

σ	φ	φ	Differenz	σ	φ	φ	Differenz
1,82	+ 0,263	— 1,263	14	2,17	+ 0,706	— 1,706	12
1,83	+ 0,277	— 1,277	14	2,18	+ 0,718	— 1,718	12
1,84	+ 0,291	— 1,291	14	2,19	+ 0,729	— 1,729	11
1,85	+ 0,305	— 1,305	14	2,20	+ 0,741	— 1,741	12
1,86	+ 0,318	— 1,318	13	2,21	+ 0,752	— 1,752	11
1,87	+ 0,332	— 1,332	14	2,22	+ 0,764	— 1,764	12
1,88	+ 0,345	— 1,345	13	2,23	+ 0,776	— 1,776	12
1,89	+ 0,359	— 1,359	14	2,24	+ 0,788	— 1,788	12
1,90	+ 0,372	— 1,372	13	2,25	+ 0,799	— 1,799	11
1,91	+ 0,385	— 1,385	13	2,26	+ 0,811	— 1,811	12
1,92	+ 0,398	— 1,398	13	2,27	+ 0,822	— 1,822	11
1,93	+ 0,411	— 1,411	13	2,28	+ 0,834	— 1,834	12
1,94	+ 0,424	— 1,424	13	2,29	+ 0,845	— 1,845	11
1,95	+ 0,437	— 1,437	13	2,30	+ 0,856	— 1,856	11
1,96	+ 0,450	— 1,450	13	2,31	+ 0,868	— 1.868	12
1,97	+ 0,462	— 1,462	12	2,32	+ 0,879	— 1,879	11
1,98	+ 0,475	— 1,475	13	2,33	+ 0,891	— 1,891	12
1,99	+ 0,487	— 1,487	12	2,34	+ 0,902	— 1,902	11
2,00	+ 0,500	— 1,500	13	2,35	+ 0,913	— 1,913	11
2,01	+ 0,512	— 1,512	12	2,36	+ 0,925	— 1,925	12
2,02	+ 0,525	— 1,525	13	2,37	+ 0,936	— 1,936	11
2,03	+ 0,537	— 1,537	12	2,38	+ 0,947	— 1,947	11
2,04	+ 0,549	— 1,549	12	2,39	+ 0,958	— 1,958	11
2,05	+ 0,562	— 1,562	13	2,40	+ 0,969	— 1,969	11
2,06	+ 0,574	— 1,574	12	2,41	+ 0,980	— 1,980	11
2,07	+ 0,586	— 1,586	12	2,42	+ 0,992	— 1,992	12
2,08	+ 0,598	— 1,598	12	2,43	+ 1,003	— 2,003	11
2,09	+ 0,610	— 1,610	12	2,44	+ 1,014	— 2,014	11
2,10	+ 0,622	— 1,622	12	2,45	+ 1,026	— 2,026	12
2,11	+ 0,634	— 1,634	12	2,46	+ 1,037	— 2,037	11
2,12	+ 0,646	— 1,646	12	2,47	+ 1,048	— 2,048	11
2,13	+ 0,658	— 1.658	12	2,48	+ 1,059	— 2,059	11
2,14	+ 0,670	— 1,670	12	2,49	+ 1,070	— 2,070	11
2,15	+ 0,682	— 1,682	12	2,50	+ 1,081	— 2,081	11
2,16	+ 0,694	— 1,694	12	2,52	+ 1,103	— 2,103	22

σ	φ	φ	Differenz	σ	φ	φ	Differenz
2,54	+ 1,125	— 2,125	22	3,20	+ 1,832	— 2,832	105
2,56	+ 1,147	— 2,147	22	3,30	+ 1,937	— 2,937	105
2,58	+ 1,169	— 2,169	22	3,40	+ 2,042	— 3,042	105
2,60	+ 1,191	— 2,191	22	3,50	+ 2,146	— 3,146	104
2,62	+ 1,213	— 2,213	22	3,60	+ 2,250	— 3,250	104
2,64	+ 1,235	— 2,235	22	3,70	+ 2,353	— 3,353	103
2,66	+ 1,257	— 2,257	22	3,80	+ 2,456	— 3,456	103
2,68	+ 1,278	— 2,278	21	3,90	+ 2,559	— 3,559	103
2,70	+ 1,300	— 2,300	22	4,00	+ 2,662	— 3,662	103
2,72	+ 1,322	— 2,322	22	4,10	+ 2,765	— 3,765	103
2,74	+ 1,343	— 2,343	21	4,20	+ 2,868	— 3,868	103
2,76	+ 1,365	— 2,365	22	4,30	+ 2,970	— 3,970	102
2,78	+ 1,386	— 2,386	21	4,40	+ 3,072	— 4,072	102
2,80	+ 1,408	— 2,408	22	4,50	+ 3,174	— 4,174	102
2,82	+ 1,430	— 2,430	22	5,00	+ 3,683	— 4,683	509
2,84	+ 1,451	— 2,451	21	5,50	+ 4,190	— 5,190	507
2,86	+ 1,472	— 2,472	21	6,00	+ 4,696	— 5,696	506
2,88	+ 1,494	— 2,494	22	6,50	+ 5,201	— 6,201	505
2,90	+ 1,515	— 2,515	21	7,00	+ 5,705	— 6,705	504
2,92	+ 1,536	— 2,536	21	7,50	+ 6,208	— 7,208	503
2,94	+ 1,558	— 2,558	22	8,00	+ 6,711	— 7,711	503
2,96	+ 1,579	— 2,579	21	8,50	+ 7,214	— 8,214	503
2,98	+ 1,600	— 2,600	21	9,00	+ 7,716	— 8,716	502
3,00	+ 1,621	— 2,621	21	9,50	+ 8,218	— 9,218	502
3,10	+ 1,727	— 2,727	106	10,00	+ 8,720	— 9,720	502

§ 29. Von anderen Ingenieuren, welche die Ergebnisse der Wöhler'schen Versuche in den Brückenbau einzuführen suchten, ist zuerst Professor Launhardt in Hannover zu nennen[1]). Er findet, dass die in der Tabelle Seite 74 zusammengestellten Werthe sehr gut durch das Stück einer Parabel vom Parameter $\frac{5}{22\sqrt{2}}$ dargestellt würden, deren Axe unter 135° zur Abscissenaxe geneigt ist und deren

[1]) Zeitschft. des Arch. und Ing.-Vereins zu Hannover, 1873, S. 139.

Scheitel die rechtwinkeligen Coordinaten $x = -\frac{29,752}{220}$ und $y = +\frac{114,752}{220}$ besitzt. Dabei ist die Bruchspannung unter ruhender Belastung etwas grösser als bei Gerber, nämlich $\hat{\alpha}^* = 550$ Ctr. pro □″ angenommen.

Es wird die Spannungsgrenze a, (nach der Bezeichnung des vorigen Paragraphen $\hat{\alpha}_p + \hat{\alpha}_k$) für welche der Bruch auch bei ausserordentlich vielen Wiederholungen nicht mehr eintritt, die Arbeitsfestigkeit des Eisens genannt, und der spezielle Werth derselben, welcher der Anfangsspannung $c = 0$ ($\hat{\alpha}_p = 0$) zugehört, die Ursprungsfestigkeit u und die Gleichung

$$a - c = d = \frac{b - a}{b - u} \cdot a^{1)} \qquad (135$$

aufgestellt, welche vorerst nur den beiden Bedingungen genügt, dass

für $d = 0$ $a = b =$ Bruchspannung unter ruhender Belastung ($\hat{\alpha}^*$)
und für $d = u$ $a = u$

sich ergeben muss.

In der Form

$$\left(1 - \frac{c}{a}\right)\left(b - u\right) = b - a$$

oder

$$a = u\left[1 + \frac{b - u}{u} \cdot \frac{c}{a}\right] \qquad (136$$

---

[1]) Nach der Bezeichnung des vorigen Paragraphen lautet diese Gleichung

$$\hat{\alpha}_k = \frac{\hat{\alpha}^* - (\hat{\alpha}_p + \hat{\alpha}_k)}{\hat{\alpha}^* - u}\left(\hat{\alpha}_p + \hat{\alpha}_k\right)$$

$$\text{oder } \hat{\alpha}_p^2 + \hat{\alpha}_k^2 + 2\hat{\alpha}_p\,\hat{\alpha}_k - u\,\hat{\alpha}_k - \hat{\alpha}^*\,\hat{\alpha}_p = 0$$

oder nach Einführung der Bezeichnungen $\frac{\hat{\alpha}_p}{\hat{\alpha}^*} = \alpha$ und $\frac{\hat{\alpha}_k}{\hat{\alpha}^*} = \eta$

$$\alpha^2 + \eta^2 + 2\,\alpha\,\eta - \frac{u}{\hat{\alpha}^*}\,\eta - \alpha = 0$$

endlich für die Zahlenwerthe $u = 300$ Ctr. und $b = 550$ Ctr.

$$\alpha^2 + \eta^2 + 2\alpha\eta - \alpha - \frac{6}{11}\,\eta = 0$$

welche die oben erwähnten Eigenschaften deutlich erkennen lässt.

kann diese Gleichung benützt werden, um für jedes Verhältniss $\frac{c}{a} = \frac{\hat{Z}_p}{\hat{Z}_p + \hat{Z}_k}$ die zulässige Spannungsgrenze a zu berechnen, bei welcher ein unendlich oft wiederholter Spannungswechsel gefahrlos bleibt. b und u sind aus den Versuchen gegeben, nämlich $u = 300$ Ctr. pro $\square''$ oder 219^{T} pro $\square^{\mathrm{dcm}}$ und $b = 550$ Ctr. oder 402^{T}, wonach

$$a = 219\left(1 + \frac{5}{6}\,\frac{\hat{Z}_p}{\hat{Z}_p + \hat{Z}_k}\right) \qquad (137$$

für Tonnen und $\square^{\mathrm{dcm}}$ als Einheiten. Die Prüfung dieser Gleichung mit den Werthen aus Tabelle IV auf Seite 74, wobei nur für $\hat{a}^*$ der grössere Werth 402^{T} eingesetzt wird, liefert zufriedenstellende Resultate.

In die Gleichung 137 wird schliesslich noch ein gewisser Sicherheitsgrad eingeführt durch Umänderung der Coefficienten 219 und $^5/_6$ beziehungsweise in 80 und $^1/_2$, so dass sich die zulässige Spannung des Eisens als Brückenbaumaterial aus der Relation

$$\hat{a} = 80\left(1 + \frac{1}{2}\,\frac{\hat{Z}_p}{\hat{Z}_p + \hat{Z}_k}\right) \qquad (138$$

bestimmt.

Die Gleichungen 135—138 werden ungültig, wenn die Spannung zwischen Zug und Druck wechselt, es wird deshalb noch die in Amerika übliche Annahme gemacht, dass in diesen Fällen die Summe der absoluten Werthe der Zug- und Druckkraft eine Spannung von 80^{T} pr. $\square^{\mathrm{dcm}}$ erzeugen dürfe.

Uebersichtlich zusammengestellt sind schliesslich die Launhardt'schen Regeln die folgenden:

1) Die zulässige Spannung für Theile unter constanter Belastung ist 120^{T} pr. $\square^{\mathrm{dcm}}$ (Spannung bis zur Elasticitätsgrenze.)
2) Für alle Theile, die nach der Beanspruchung in den spannungslosen Zustand zurückkehren, ergibt sich aus Gleichung 138 für $\hat{Z}_p = 0$ als zulässige Spannung 80^{T}.
3) Sind 2 Spannungsgrenzen von gleichem Vorzeichen gegeben, so gilt die Gleichung 138.
4) Bei allen Brückentheilen, welche abwechselnd gezogen und gedrückt werden, soll die Summe der auftretenden Zug- und Druckspannung, beide absolut genommen, 80^{T} sein. —

Neben Launhardt haben sich mit dem vorliegenden Gegenstande noch beschäftigt:

1) Ingenieur Müller (Ztschft. des österr. Ing.- und Archit.-Vereins 1873, S. 197), welcher aus der Tabelle IV die Werthe der Anfangsspannung ($\hat{\alpha}_p$) als Abscissen und die zugehörigen Spannungsgrenzen ($\hat{\alpha}_p + \hat{\alpha}_k$) als Ordinaten in einem rechtwinkeligen Axensystem aufträgt und eine Curve verzeichnet, aus welcher für eine gegebene Abscisse die zugehörige Ordinate einfach abgegriffen wird. Ausserdem wird versucht, die durch Temperaturschwankungen bedingten Bewegungen der Massentheilchen in ähnlicher Weise zu verfolgen, wie die durch Spannungsschwankungen hervorgerufenen;

2) Professor Schäffer (Ztschft. für Bauwesen von Erbkam 1874, S. 398), welcher der Gerber'schen Entwicklung folgt, aber in der Anwendung von diesem abweicht.

§ 30. Anwendung der bisher entwickelten Gleichungen in einem einfachen Falle.

In der Mitte der unteren Gurtung eines geraden Fachwerkträgers herrscht für gewöhnlich, allein durch das Brückengewicht veranlasst, eine Zugkraft $\hat{Z}_p = 18{,}00^{\mathrm{T}}$; der Normalbahnzug (§ 3) für sich erzeugt im schlimmsten Falle einen Zug $\hat{Z}_k = 77{,}99^{\mathrm{T}}$.

Nach Gleichung 115 würde sich hiernach die Querschnittsfläche

$$F = \frac{18{,}00 + 77{,}99}{60} = 1{,}599\,\square^{\mathrm{dcm}}$$

ergeben,

nach der älteren Gerber'schen Gleichung 116

$$F = \frac{18{,}00 + 233{,}97}{160} = 1{,}575$$

und nach den neueren Gerber'schen Gleichungen 134

$$\varphi = \frac{18{,}00}{116{,}98} = +\,0{,}154$$

$$\sigma = 1{,}746$$

$$F = \frac{1{,}746 \,.\, 116{,}98}{160} = 1{,}278$$

Die Launhardt'schen Regeln liefern als zulässige Spannung

$$\hat{\alpha} = 80\left[1 + \frac{1}{2} \cdot \frac{18{,}00}{95{,}99}\right] = 87{,}5$$

und für die Querschnittsfläche

$$F = \frac{18{,}00 + 77{,}99}{87{,}5} = 1{,}1$$

Eine Diagonale zunächst der Mitte erleidet den constanten Druck $1{,}02^{\mathrm{T}}$, der Normalbahnzug für sich bewirkt in diesem Gliede bei einer gewissen gefährlichen Stellung den Druck $\hat{Z}_k = -15{,}24$, bei einer anderen gefährlichen Stellung den Zug $\hat{Z}_k = +11{,}02$. Es sind demnach hier 2 verschiedene Zustände des diagonalen Constructionstheils in's Auge zu fassen, jeder derselben bedingt eine Querschnittsfläche, der grössere Werth derselben wird zur Ausführung gebracht, nachdem auch noch die Gefahr des Zerknickens entsprechend berücksichtigt worden.

Nach Gleichung 115 hat man

$$F_1 = \frac{-1{,}02 - 15{,}24}{60} = -0{,}271$$

$$F_2 = \frac{-1{,}02 + 11{,}02}{60} = +0{,}167$$

nach Gleichung 116

$$F_1 = \frac{-(1{,}02 + 45{,}72)}{160} = -0{,}292$$

$$F_2 = \frac{-1{,}02 + 33{,}06}{160} = +0{,}200$$

nach der Gleichung 134

$$\varphi_1 = \frac{-1{,}20}{-22{,}87} = +0{,}044,\ \sigma_1 = 1{,}677,\ F_1 = \frac{-1{,}5\,.\,1{,}677\,.\,15{,}24}{160}$$
$$= -0{,}240$$

$$\varphi_2 = \frac{-1{,}20}{+16{,}54} = -0{,}062,\ \sigma_2 = 1{,}619,\ F_2 = \frac{+1{,}5\,.\,1{,}619\,.\,11{,}02}{160}$$
$$= +0{,}167$$

Nach Launhardt

$$\hat{\alpha}_1 = 80\left(1 + \frac{1}{2}\cdot\frac{-1{,}02}{-16{,}26}\right) = 82{,}48$$

$$F_1 = \frac{16{,}26}{82{,}48} = 0{,}197$$

$$F_2 = \frac{1{,}02 + 11{,}02}{80} = 0{,}151$$

Besonderer Theil.

Die eisernen Balkenbrücken.

Die Tragwände der Balkenbrücken aus Eisen sind entweder mit vollen Wandungen construirt, so dass sie vermöge ihrer relativen Festigkeit den Angriffskräften Widerstand leisten, oder sie sind aus stangen- und bandartigen Theilen so zusammengesetzt, dass sich Biegungserscheinungen nur in untergeordnetem Masse und ausnahmsweise ergeben. Ersteres ist der Fall bei den Barren- und Blechbalkenbrücken, letzteres bei den Fachwerk- und Gitterbrücken.

In den folgenden Paragraphen soll die Anordnungsweise der verschiedenen Arten dieser Gattungen, wenn nöthig, nach Eisenbahn- und Steinbahnbrücken getrennt, besprochen und daran die Begründung der Dimensionen geknüpft werden.

I. Barrenbrücken.

Die Brückenträger derselben sind volle Balken aus Einem Stück, deren Querschnitt constant durch die ganze Länge und gewöhnlich doppelt *T*förmig ist; bei Eisenbahnen werden für kleine Spannweiten in einfacher Weise auch Bahnschienen oder selbst aus solchen zusammengesetzte Träger in Anwendung gebracht. Das früher häufig benützte Gusseisen ist zur Zeit durchaus durch das Schmiede- oder Walzeisen verdrängt, dessen Festigkeit gegen Zug uud Druck unter den gewöhnlichen Verhältnissen als gleich angesehen werden kann, und welches eine zweckmässigere Formbildung des Querschnitts zulässt.

a) Barrenbrücken für Steinstrassen (Chausseen).

§ 31. Beschreibung einiger Constructionen. Für die verschiedenen Constructionen der Steinstrassenbrücken mit vollen Balken aus Schmiedeisen, welche bis zu Spannweiten von 70—80^{dcm} zur Ausführung kommen, mag die durch Fig. 41 im Querschnitt dargestellte als Repräsentant gelten. Ihre Besprechung wird die nöthigen Anhaltspunkte auch zur Beurtheilung anderer Formen bieten. Mehrere gewalzte Träger liegen parallel zu einander in bestimmten gegenseitigen Abständen über die Brückenöffnung; unmittelbar auf ihnen ruht die Fahrbahn, bestehend aus einer Wellenblechdecke und Beschotterung oder aus einer Holzdielung mit Kiesaufschüttung. Es sind 6 Träger auf Fahrbahnbreite gedacht, welche mit ihren Enden auf Mauerlatten von Eichenholz geschraubt oder direct auf die Quader aufgelegt, oder aber in besondere gusseisene Schuhe gelagert sein können. Obgleich diese Träger schon durch die mit ihnen vernietete Wellenblechlage unter einander verbunden sind, so ist es doch rathsam, zur Verhütung von Verdrehungen noch besondere Verspannungen horizontal und vertical anzuordnen. Es wird damit zugleich der Vortheil erzielt, dass die Träger nie einzeln durch die Belastungen in Anspruch genommen werden, sondern immer mehrere benachbarte in Mitleidenschaft gezogen werden. Solche Querverspannungen, je eine an den Auflagern und eine oder 2 zwischen denselben, lassen sich in passender Weise aus Winkeln und Diagonalbändern nach Fig. 42 bilden, ein besonderer Horizontalverband aus gekreuzten Bändern an den unteren Flanschen[1]).

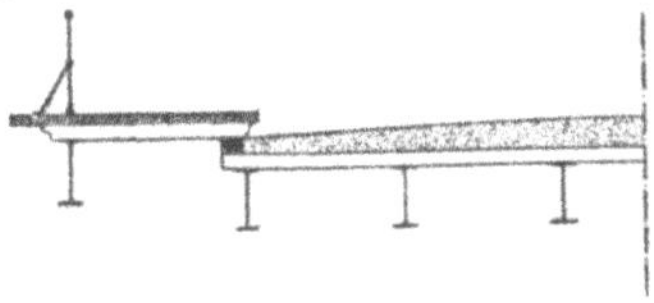

Fig. 41.

Die Fusswege auf beiden Seiten der Fahrbahn (Fig. 42) können aus Bohlenbeleg gebildet sein, das sammt dem Geländer im Ganzen, oder wenigstens einerseits durch entsprechend schwächere Träger gestützt wird. Zur Entwässerung der gewölbten Fahrbahn werden zu beiden Seiten derselben parallel zur Brückenaxe Rinnen aus Eisentheilen oder durch Pflasterung hergestellt.

Fig. 42.

§ 32. Dimensionirung der Brückentheile. Ueber die Tragfähigkeit des Wellenbleches, durch welche der gegenseitige Abstand der Walzträger bestimmt wird, ist eine theoretische Untersuchung nicht leicht anzustellen, da man über die Vertheilung des Druckes durch die Kiesschichte hindurch über die Blechwellen im Unklaren ist.

[1]) Siehe Bauernfeind's Vorlegeblätter zur Brückenbaukunde, in 2. Auflage von Döhlemann und Frauenholz herausgegeben. Stuttgart 1872, zweites Heft, S. 5.

Das Trägheitsmoment eines Theiles seines Querschnitts von der Breite $4b$ (Fig. 43) für die horizontale Schweraxe ist

$$\Theta = 1{,}0552\, b^3 z \text{ [1]} \qquad (139$$

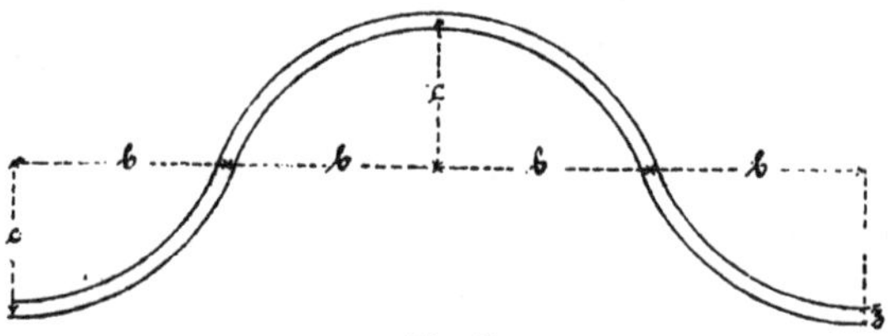

Fig. 43.

falls das Verhältniss $b : c = 3 : 2$ stattfindet; ein Quadratmeter von der im Brückenbau öfters verwendeten Sorte, bei welcher $b = 0{,}72^{dcm}$, $c = 0{,}48^{dcm}$ und die Blechdicke $z = 0{,}06^{dcm}$ ist, wiegt nahezu $0{,}06^{T}$. Die Träger werden bei Verwendung derselben ca. 10^{dcm} von Mitte zu Mitte auseinandergelegt, ein Mass, welches durch Rechnung gefunden wird, wenn man ein Lastwagenrad gerade in der Mitte zwischen 2 Trägern über einem beiderseits horizontal befestigten Wellenblechstück vom Querschnitte der Fig. 43 stehend annimmt.

Was die gewalzten Träger selbst betrifft, so sind sie ihrer ganzen Länge nach durch eine gleichmässig vertheilte Last ($\hat{p}$) ständig beansprucht, welche sich aus dem eigenen Gewichte derselben und dem Gewichte eines Fahrbahnstreifens von der Breite gleich der gegenseitigen Trägerentfernung zusammensetzt und nach § 17 in den verschiedenen Querschnitten die Momente

$$\hat{\mathfrak{M}}_p = \frac{\hat{p}}{2}\, x\, (l - x) \qquad (140$$

bewirkt. Von mobilen Lasten sind Fahrzeuge in Betracht zu ziehen, welche nach § 14 bei so kleinen Spannweiten, wie sie hier vorkommen, stärkere Anstrengungen als Menschenmassen verursachen. Wird der Raddruck des Normallastwagens (Fig. 4) allgemein $\hat{P}$ genannt, so kommen zur Berechnung der gewalzten Träger concentrirte Lasten von der Grösse $^2|_3\, \hat{P}$ in Betracht, weil selbst dann, wenn sich die Wagenräder in der Verticalebene eines Trägers hinbewegen, $^1|_3$ ihres Druckes auf die Nachbarträger übergeht, sobald nur hinreichend starke Quer-

[1]) Die Ableitung dieser Gleichung ist in Rebhann, Theorie der Holz- und Eisenconstructionen, Wien 1856, S. 252 ff. zu finden.

verbindungen angeordnet sind, wie hier angenommen wird. Nach § 14 ist dann das absolute Maximalmoment dieser Verkehrslasten

entweder
$$\hat{\mathfrak{M}}_k = \frac{1}{6} \hat{P}\, l \tag{141}$$

oder
$$\hat{\mathfrak{M}}_k = \frac{4}{3} \frac{\hat{P}}{l} \left(\frac{l}{2} - \frac{d}{4}\right)^2 \tag{142}$$

und nach den Entwicklungen des § 28 ergibt sich der erforderliche Querschnitt aus der Gleichung

$$\hat{\mathfrak{M}}_p + 1{,}5\, \tau\, \hat{\mathfrak{M}}_k = \frac{\hat{\mathfrak{a}}}{m} \cdot \Theta \tag{143}$$

τ bedeutet hierin den Coefficienten, durch welchen nach Gerber die mobile Last in eine gleichwerthige ruhende Last umgesetzt wird und für welchen

$$\left.\begin{aligned} \frac{\hat{\mathfrak{M}}_p}{1{,}5\, \hat{\mathfrak{M}}_k} &= \varphi \\ \sigma &= \frac{1}{4}\left(3 + \sqrt{9 + (4\,\varphi + 2)^2}\right) \\ \tau &= \sigma - \varphi \end{aligned}\right\} \tag{144}$$

Weiter bedeutet $\hat{\mathfrak{a}}$ die zulässige Spannung bis zur Elasticitätsgrenze, etwa 160^{t} pro $\square^{dcm}$, m den Abstand der äussersten gezogenen oder gedrückten Faser von der neutralen, Θ das Trägheitsmoment des constanten Trägerquerschnittes bezüglich der horizontalen Schwerpunktsaxe. Letzteres ist für die symmetrische Doppelt-T-Form (Fig. 44)

$$\Theta = \frac{1}{12}\left[b h^3 - (b - z)\, h_1^3 \right] \tag{145}$$

oder wenn man in jeder Flansche 2 Nietbolzenlöcher vom Durchmesser d annimmt

$$\Theta' = \Theta - \frac{1}{8}\, d\, (h - h_1)\, (h + h_1)^2 \tag{146}$$

Werden alle diese Grössen in die Biegungsgleichung 143 eingesetzt, so enthält dieselbe als Unbekannte die Querschnittsdimensionen

b, h, h_1, z, welche alle bis auf eine angenommen werden können.

Wäre man ganz unbeschränkt in der Wahl derselben und wollte man ein Profil construiren, bei welchem das Material möglichst zweckmässig gegen die neutrale Axe gelagert ist, so könnte diess mit Rücksicht auf die Untersuchungen von Rebhann[1]) und Klose[2]) geschehen. Nach denselben wäre für die Steg- wie Flanschendicke die kleinste noch zulässige Eisenstärke zu wählen, sodann als zweckmässige Höhe

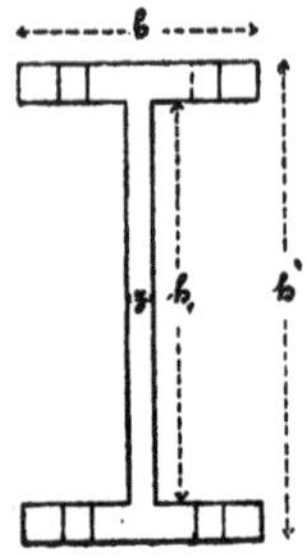

Fig. 44

$$h = 2\,z + \sqrt{\frac{3\,(1{,}5\,\sigma\,\hat{\mathfrak{M}}_k)}{z\,\hat{\alpha}}} \qquad (147$$

(worin $1{,}5\,\sigma\,\hat{\mathfrak{M}}_k$ das grösste Angriffsmoment bezeichnet, welchem der Träger ausgesetzt ist und $\hat{\alpha}$ die zulässige Spannung); endlich als beste Flanschenbreite

$$b = \frac{1}{6}\,h^{*}) \qquad (148$$

[1]) Rebhann, Theorie der Holz- und Eisenconstructionen, Wien 1856.

[2]) Klose, Theorie der eisernen Träger mit Doppelflanschen, Hannover 1862.

*) Der Steg oder die Wandstärke des Trägers ist so dünn wie möglich zu wählen, weil er nur wenig zur Vergrösserung des Trägheitsmomentes beiträgt. Dieselbe Forderung ist hinsichtlich der Flanschen zu erfüllen, weil das Tragmoment für eine gegebene Höhe theoretisch besonders gross ausfällt, wenn das Material zu beiden Seiten der neutralen Axe zu gleichen Theilen in Schichten von verschwindender Dicke ausgedehnt ist. Was nun die zweckmässigste Höhe und Flanschenbreite für einen Querschnitt betrifft, welcher gleiche Eisenstärke im Steg und in den Flanschen besitzt, so hat man zunächst für dessen Tragmoment

$$\hat{\mathfrak{M}} = \frac{2\,\hat{\alpha}}{h} \cdot \frac{1}{12}\left[b\,h^3 - (b - z)\,(h - 2z)^3\right]$$

oder in etwas anderer Form

$$\hat{\mathfrak{M}} = 2\,\hat{\alpha}\,z\left\{(2\,b + h - 2\,z)\left(\frac{1}{4}\,h - \frac{1}{2}\,z + \frac{1}{3}\,\frac{z^2}{h}\right) - \frac{1}{6}\left(h^2 - 3\,h\,z + 2z^2\right)\right\}$$

Bei bestimmtem Materialaufwand $(2\,b + h - 2z)\,z = u\,z$ ist das Maximum dieses Momentes bestimmt durch

$$\frac{d\,\hat{\mathfrak{M}}}{d\,h} = 2\,\hat{\alpha}\,z\left\{\frac{1}{4}\,(2\,b + h - 2z) - \frac{1}{6}\,(2\,h - 3\,z)\right\} = 0$$

Bezüglich der kleinsten Stegdicke ist noch Folgendes zu bemerken:

Nach den Entwicklungen des § 23 sind, unter Voraussetzung einer gleichmässig vertheilten Belastung, die horizontalen Zug- und Druckspannungen in den äussersten Fasern der Trägermitte und die horizontalen und verticalen Schubspannungen in der neutralen Schichte an den Trägerenden die grössten, welche überhaupt im Innern des Trägers erscheinen. Aehnlich verhält es sich, wenn statt der gleichmässig vertheilten Belastung eine Reihe concentrirter Lasten auf den Träger einwirken. Weiter steht aber so viel fest, dass an der Stelle, wo die vom Angriffsmoment abhängige Zug- oder Druckspannung ihr Maximum erreicht, die durch die Verticalkraft bedingte Schubspannung ganz oder fast ganz verschwindet, und umgekehrt. Bei doppelt T förmigem Querschnitt des Trägers ist ausserdem zu beachten, dass die Maximalwerthe dieser Spannungen oben und unten am Steg zu suchen sind, da wo derselbe an den wagrechten Flanschen ansitzt, denn die horizontale Schubspannung nimmt von der neutralen Schichte aus bis zu diesen Stellen nicht wesentlich ab und andererseits kann der Zug oder Druck hier gleich dem in den äussersten Fasern vorhandenen angenommen werden.

Nach all dem muss die Stegdicke z so gewählt werden, dass eine Abscheerung durch den grösstmöglichen Werth der Schubspannung (auf die Flächeneinheit bezogen), nach Gleichung 75 oder 95

$$\text{Max. } \hat{\omega} = \frac{\text{Abs. Max. } \hat{V}}{z\,\Theta} \cdot \int_0^n y\,z\,dy$$

auf die Dauer verhindert ist. Bedeutet $\hat{\gamma}$ die zulässige Schubspannung, so hat man demnach

$$\hat{\gamma} = \frac{\text{Abs. Max. } \hat{V}}{z\,\Theta} \cdot \int_0^n y\,z\,dy$$

---

wenn das kleine Glied $\frac{1}{3} \cdot \frac{z^2}{h}$ in der ursprünglichen Gleichung vernachlässigt wird

Es ergibt sich hieraus

$$h = 6\,b$$

und dafür

$$\hat{\mathfrak{M}} = \frac{\hat{\alpha}\,z}{3}\,(h - 2z)^2$$

oder

$$h = \sqrt{\frac{3\,\hat{\mathfrak{M}}}{\hat{\alpha}\,z}} + 2z$$

woraus

$$z = \text{Abs. Max. } \hat{V} \cdot \frac{\int_0^n y\, z\, dy}{\hat{\gamma}\, \Theta} \tag{149}$$

oder

$$z = \text{Abs. Max. } \hat{V} \cdot \frac{1}{\hat{\gamma}\, h_0} \tag{150}$$

wobei

$$h_0 = \frac{\Theta}{\int_0^n y\, z\, dy} \tag{151}$$

den Abstand des Zug- und Druckmittelpunktes bedeutet. Wird für $\hat{\gamma}$ der gewöhnliche Werth der zulässigen Schubspannung des Schmiedeisens eingesetzt, welcher so gross oder etwas kleiner wie die zulässige Zug- oder Druckspannung ist, so erhält man aus den Gleichungen 149 oder 150 Werthe für die Stegdicke, welche u n t e r den praktisch üblichen und wohl auch erprobten bleiben. Man pflegt deshalb bei Bestimmung von z für die Schubspannung einen kleineren Werth als zulässig zu nehmen, nämlich

$$\hat{\gamma}' = \text{ca. } 35 - 37^{T} \text{ pro } \square^{dcm}$$

Diese Werthe sind dem Falle entnommen, dass in einem und demselben Trägerquerschnitt das grösste Maximalmoment und die grösste Maximalverticalkraft gleichzeitig erscheinen, wie es bei einem auf 2 Unterlagen ruhenden Träger bekanntlich nicht der Fall ist. Dann erscheinen auch die Maxima von Zug- und Schubspannung an einer und derselben Stelle und die schiefe Normalspannung, nach Gleichung 80

$$\hat{\nu}' = \frac{\frac{d\hat{Z}}{dy}}{2\,z}\left[1 + \sqrt{1 + \left(\frac{2\,\hat{g}}{\frac{d\hat{Z}}{dy}}\right)^2}\,\right]$$

wird grösser wie jedes dieser Maxima. Wird jetzt die Forderung gestellt, dass diese grösste, im Innern des Trägers auftretende Spannung den zulässigen Werth $\hat{\alpha}$ (etwa $= 60^{T}$) nicht überschreitet, so müssen die Dimensionen des Querschnitts so gewählt werden, dass die Zug- oder Druckspannung in den äussersten Fasern

$$\frac{\frac{d\hat{Z}}{dy}}{z} = \frac{\hat{\alpha}}{1{,}62} = 0{,}62\ \hat{\alpha} = 0{,}62 \cdot 60 = 37^{T}$$

und die Schubspannung in der neutralen Schichte ebenso

$$\frac{\hat{g}}{z} = \hat{\gamma}' = 0{,}62\ \hat{\alpha} = 37^{\mathrm{T}}$$

wird, denn hiefür liefert die obige Gleichung $\hat{\nu}' = \frac{\hat{\alpha}}{3{,}24}\left(1 + \sqrt{5}\right) = \hat{\alpha}$

In dem Werk von Laissle und Schübler wird z. B. als zulässige Schubspannung $\hat{\gamma}' = 350^{k}$ pro $\square^{\mathrm{cm}}$ empfohlen.

Es ist nun gezeigt worden, wie sich die Stegdicke z berechnen lässt. Gewöhnlich ist nun diese wie auch andere Querschnittsdimensionen durch rein praktische Erwägungen bestimmt, so dass die Aufgabe, ein möglichst vortheilhaftes Querprofil zu construiren, seltener auftritt. Auch hat man gewöhnlich nicht das Interesse, ein dem gegebenen Fall genau angepasstes Profil festzustellen, vielmehr stellt sich die Aufgabe dahin, von dem im Handel gangbaren gewalzten Trägern die am besten passende Sorte auszusuchen. Man wird demnach für verschiedene Sorten das Tragmoment $\left(\frac{\hat{\alpha}}{m} \cdot \Theta\right)$ bestimmen und jene wählen, bei welcher dasselbe dem früher berechneten, wirklich auftretenden Angriffsmomente $\left(\hat{\mathfrak{M}}_p + 1{,}5\ \tau\ \hat{\mathfrak{M}}_k\right)$ am besten entspricht[1]).

---

[1]) Beispiel: Bei einer Strassenbrücke von der bisher angenommenen Construction (Fig. 41) und 50^{dcm} Spannweite liegen die gewalzten Träger in gegenseitigen Abständen von 10^{dcm}. Auf ihnen ist eine Wellenblechdecke von der im § 32 angegebenen Sorte aufgenietet; über ihr liegt eine Kiesschichte von 2^{dcm} mittlerer Höhe. Es soll die nothwendige Stärke der Walzträger angegeben werden.

Der Normallastwagen (Fig. 4) erzeugt das absolute Maximalmoment nach Gleichung 141: der Werth desselben ist, nachdem $\frac{1}{3}$ des Raddruckes durch die angebrachten Querverbindungen auf die Nachbarträger übergeführt wird,

$$\hat{\mathfrak{M}}_k = 25^{\mathrm{dcmT}}$$

An ständiger Last ruht auf einem der Träger

1) sein eigenes Gewicht, pro lfd. Decimeter ca.	0,0057	Tonnen
2) das Wellenblech 10 . 1 . 0,0006	. 0,0060	„
3) der Kies 10 . 1 . 2 . 0,002	. 0,0400	„
zusammen	$\hat{p} = 0{,}05$	

Das hierbei im gefährlichen Querschnitt herrschende Moment ist folglich

$$\hat{\mathfrak{M}}_p = \frac{\hat{p}\ l^2}{8} = 15{,}60^{\mathrm{dcm\ T}}$$

b) Barrenbrücken für Eisenbahnen.

§ 33. Beschreibung einiger Constructionen. Vorerst mag bemerkt werden, dass gewalzte Barrenträger von über 50^{dcm} Spannweite wohl selten auf Eisenbahnen Verwendung finden. Bei ganz kleinen Spannweiten lassen sich zuweilen Eisenbahnschienen zweckmässig verwerthen; ist die Brückenöffnung nicht grösser als der lichte Abstand zwischen 2 Querschwellen, ca. ³/₄ Meter bei den bisherigen Oberbausystemen, so können die Fahrschienen ohne Weiteres auf diese Entfernung frei liegen. Man wird nur dafür sorgen, dass die Schienen an dieser Stelle besonders sorgfältig mit ihren Unterlagen und diess am besten auch mit den Widerlagern verbunden sind. Werden die Spannweiten grösser, so kann eine Verstärkung der Geleisstränge zwischen den Widerlagern durch passende Vereinigung mit Schienenstücken erzielt werden. So legte man hie und da unter die Stränge ein Stück Schiene, das mit dem Kopf nach unten in besonderen gusseisernen Schuhen gelagert war, und auf dessen Basis die Fahrschiene aufgenietet oder geschraubt wurde. Bei einer anderen Construction lagen zu beiden Seiten jedes Stranges 2 Schienenstücke in gleicher Höhe mit demselben, welche mit ihm durch Bolzen und zwischen-

---

Nach den Gleichungen 144 ist ferner

$$\varphi = 0{,}416, \quad \sigma = 1{,}934, \quad \tau = \sigma - \varphi = 1{,}518$$

und das grösste Moment, welches im schlimmsten Falle am Träger auftreten kann, reducirt auf ruhende Belastung,

$$\mathfrak{M}_p + 1{,}5\ \tau\ \hat{\mathfrak{M}}_k = 1{,}5\ \sigma\ .\ \hat{\mathfrak{M}}_k = 72{,}53 \text{ Decimeter-Tonnen.}$$

Unter den gangbaren Sorten befindet sich einer vom Querschnitt Fig. 45, der möglicher Weise entsprechen könnte, dessen Gewicht deshalb auch schon oben Berücksichtigung gefunden hat.

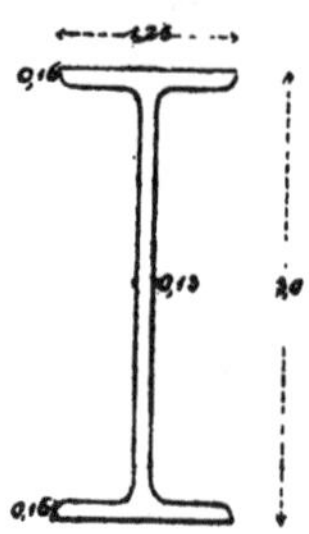

Fig. 45.

Das Trägheitsmoment desselben, bei einem Nietdurchmesser $d = 0{,}2^{dcm}$ nach Gleichung 146, ist

$$\Theta' = 1{,}01595 - 0{,}25809 = 0{,}75786$$

und das Widerstandsmoment $\frac{\hat{a}}{m}\ .\ \Theta' = 80{,}84$ Decimeter-Tonnen.

Die Uebereinstimmung desselben mit dem thatsächlich auftretenden Angriffsmoment von 72,53 ist hinreichend gross, um die Wahl dieser Trägersorte zu rechtfertigen. Die aus praktischen Gründen zu $0{,}13^{dcm}$ angenommene Wanddicke ist weit ausreichend, da die theoretischen Formeln 150 und 151

$$z = \text{Abs. Max. } \hat{V}\ .\ \frac{1}{\hat{\gamma}\ h_0} = 3{,}85\ .\ \frac{1}{37\ .\ 1{,}89} = 0{,}055^{dcm}$$

liefern.

gelegte Gussstücke zu einem 3fachen Träger vereinigt waren. Obgleich die Materialvertheilung hierbei jedenfalls keine zweckmässige genannt werden kann, so erscheint dennoch die Construction unter Umständen bei ihrer Einfachheit und dem geringen Werth alter Bahnschienen als ganz zweckmässig. Die bisher genannten und ähnliche andere Anordnungen bis zu Spannweiten von 2,5^{m} finden sich unter andern in den schon erwähnten Bauernfeind'schen Vorlegeblättern für Brückenbau dargestellt und beschrieben, sodann in Ott, Baumechanik, II. Theil, Prag 1873. Werden gewalzte *T*-Träger zur Stützung der Schienenstränge verwendet, so ordnet man jetzt gewöhnlich 2 derselben für ein Geleise an, vereinigt dieselben durch einige Querverspannungen und Horizontalkreuze zu einem stabilen Ganzen und lagert die Schienen entweder unmittelbar oder besser vermittelst hölzerner Querschwellen auf die oberen Flanschen derselben auf. Bezüglich sonstiger Details gilt Aehnliches wie für die Strassenbrücken im § 31 angeführt worden ist.

§ 34. Bestimmung der Dimensionen. Die Berechnung der aus Bahnschienen zusammengesetzten Träger, wobei die continuirlichen Schienenstränge als Theile derselben erscheinen, ist mit aller Schärfe nicht durchzuführen. Wünscht man eine Schätzung der Tragfähigkeit vorzunehmen, so genügt es, einen einfachen Träger von zusammengesetztem Querschnitt anzunehmen, der in 2 Stützpunkten aufruht und durch schwerste Locomotiven direct belastet wird. Die absoluten Maximalwerthe von Verticalkraft und Moment ergeben sich nach den Entwicklungen in den Paragraphen 9 und 11 sehr einfach, da höchstens 3 Axen über der Durchlassöffnung Platz finden können. Etwas umständlicher ist die Bestimmung der neutralen Axe und des Trägheitsmomentes des Querschnitts, wozu jedenfalls dieselben Grössen für das einfache Schienenprofil bekannt sein müssen. Der Schwerpunkt einer so complicirt begrenzten Flache wie des Schienenquerschnittes, wird bei der Existenz einer verticalen Symmetrieaxe durch den Abstand

$$y_0 = \frac{\int\int y \, dx \, dg}{\int\int dx \, dy} \qquad (152$$

über der Schienenbasis als Abscissenaxe bestimmt. Der Zähler stellt das statische Moment der Profilfläche, auf diese Axe bezogen, vor, der Nenner den Inhalt derselben. Beide werden am einfachsten mit Hülfe des Planimeters gefunden, oder nach Zerlegung des Querschnittes in kleine Flächen, als Rechtecke, Trapeze, Dreiecke, Kreissectoren, Kreis- und Parabelsegmente etc., deren Inhalt und Moment für bestimmte Axenlagen bekannt ist, durch Summirung dieser Einzelgrössen[1]). Mit hinreichender Annäherung liefert auch die Simpson'sche Regel den Flächeninhalt und das Moment. Zerlegt man nämlich parallel zur Basis die ganze Profilfläche in eine gerade Anzahl dünner Streifen von gleicher Höhe d, so ist, wenn die Breite derselben der Reihe nach mit x_0, x_1, x_2 . . . . x_{2n} und ihre Abstände von der Basis mit y_0, y_1, y_2. . . . bezeichnet werden

$$\int\int dx\,dy = \frac{d}{3}\left[x_0 + x_{2n} + 4(x_1 + x_3 + \ldots x_{2n-1}) + \right.$$
$$\left. + 2(x_2 + x_4 + \ldots + x_{2n-2})\right] \tag{153}$$

und
$$\int\int y\,dx\,dy = \frac{d}{3}\left[x_0 y_0 + x_{2n} y_{2n} + 4(x_1 y_1 + x_3 y_3 + \ldots) + \right.$$
$$\left. + 2(x_2 y_2 + x_4 y_4 + \ldots)\right] \tag{154}$$

Da hierbei der Umfang der Figur aus Parabelbögen und geraden Linien zusammengesetzt gedacht wird, so ist es gut, Kopf und Fuss jeden für sich in eine gerade Anzahl Streifen zu zerlegen, die dünner gehalten werden als die Streifen im Steg, welche bei dessen flacherer Bildung höher sein dürfen.

Was das Trägheitsmoment des einfachen Schienenprofils betrifft, so kann auch zu seiner Bestimmung der genial erdachte Planimeter von Amsler dienen, oder dasselbe kann als Summe der Trägheitsmomente von Theilen gefunden werden, in welche das Profil zerlegt wurde, oder endlich es kann wiederum auf Grund der Simpson'schen Regel die Gleichung

$$\Theta' = \frac{d}{3}\left[x_0 y_0^2 + x_{2n} y_{2n}^2 + 4(x_1 y_1^2 + x_3 y_3^2 + \ldots) + 2(x_2 y_2^2 + x_4 y_4^2 + \ldots)\right] \tag{155}$$

benützt werden. Aus diesem, auf die Schienenbasis bezogenen Werth

[1]) Siehe Winkler, Festigkeitstheorie der Schienen in Heusinger von Waldegg, Handbuch für spezielle Eisenbahntechnik, I. Bd., Eisenbahnbau.

ergibt sich dann der für die horizontale Schweraxe giltige

$$\Theta = \Theta' - y_0^2 \cdot \int\int dx\, dy \qquad (156$$

Sind so für das einfache Schienenprofil neutrale Axe und Trägheitsmoment gefunden, so ergeben sich dieselben Grössen auch leicht für den Querschnitt der zusammengesetzten Träger; beispielsweise liegt die neutrale Axe bei einem aus 2 mit den Basen zusammengenieteten Schienenstücken gebildeten Träger in der Berührungsfläche und das Trägheitsmoment ist gleich 2 Θ'.

Sind Barren mit 2 Symmetrieaxen als Brückenträger verwendet, und liegen die Fahrschienen unmittelbar auf den oberen Flanschen derselben auf, so kann man annehmen, dass die Raddrücke concentrirt auch noch auf letztere übergehen. Man hat alsdann direct belastete Balken, für welche die Gesetze der §§ 9 und 11 Gültigkeit haben. Wird 60^{dcm} als Maximum für die Spannweite festgehalten, so kommen bei Aufsuchung des absoluten Maximalmomentes höchstens 4 Axen der Güterzugslocomotive (Fig. 2) in Betracht und der gefährliche Querschnitt liegt im Angriffspunkte des 2. Rades im Abstande 0, 3,5 0 und $2{,}85^{dcm}$ von der Mitte entfernt, je nachdem 1, 2, 3 oder 4 Axen auf der Brücke sich befinden. Die absolute Maximalverticalkraft tritt jedenfalls am Auflager ein, wenn eine Axe gerade über demselben steht und ausserdem noch möglichst viele auf der Brücke.

Anders ist es, wenn bei Anordnung von Querschwellen zwischen Schienen und Trägern die Angriffe der Verkehrslasten auf letztere nur an den Auflagerungsstellen der Schwellen eintreten können. Hierdurch wird im Allgemeinen eine Vertheilung der Raddrücke über die Trägerlänge bewirkt, da jeder derselben in 2 Componenten zerlegt wird, sobald er zwischen 2 Schwellen ruht. Daraus folgt aber, dass voraussichtlich ein möglichst hoher Momentenwerth bei der der Mitte zunächst gelegenen Schwelle eintritt, wenn ein Rad gerade über derselben steht und so mit seinem vollen Betrage concentrirt auf den Träger wirkt. Es gilt dies um so mehr, da jene Schwelle jedenfalls nicht weit von dem Querschnitte abliegen wird, in welchem bei directer Belastung das absolute Maximalmoment entstehen würde. Aehnliches gilt für die absolute Maximalverticalkraft. Eine der Schwellen wird immer in die Nähe des Auflagers treffen; bis zu dieser muss die Maschine vorgerückt sein, wenn eine möglichst starke Concentration der Raddrücke gegen das Trägerende und damit ein besonders hoher Auflagerdruck erzielt werden soll[1]).

II. Blechbalkenbrücken.

Die Tragwände der Blechbalkenbrücken, die sogenannten Blechträger, sind in Doppelt-*T* Form aus einzelnen Theilen zusammengesetzt: Eine Wand aus Blechtafeln gebildet und durch verticale Streifen aus Flach-, Winkel- oder *T*-Eisen versteift, wird oben und unten beiderseits durch Winkeleisen besäumt, auf deren horizontale Schenkel öfters auch noch Flacheisen oder Lamellen zu liegen kommen; sämmtliche Theile sind durch Vernietung, zuweilen auch mittelst Bolzen zu einem Ganzen verbunden. Je 2 Winkel sammt Lamellen heissen Gurtung. Hauptsächlich der leichteren Herstellung wegen werden diese Gurtungen oben und unten gerade gebildet und man erzielt eine absatzweise Verkleinerung des Querschnittes gegen die Auflager hin durch Weglassung einzelner Theile. Die Blechwand oder der Steg kann umgekehrt gegen die Trägerenden zu durch Wechsel der Blechsorten verstärkt werden.

Während früher Blechbalken zur Ueberdeckung sehr weiter Oeffnungen verwendet wurden, geht man jetzt kaum mehr bis zu Spannweiten von 15 Meter, da von da ab die Nachtheile dieser Trägergattung beginnen sich allzu bemerklich zu machen. Bei der Verbindung der beiden Gurtungen durch eine volle Blechwand erscheint nämlich das Material nicht ganz zweckmässig vertheilt; während sich die Wand

---

[1]) Für einen Träger von 25^{dcm} Stützweite und einer Schwelleneintheilung nach Fig. 46 ist das Moment bei einer Schwelle, wenn ein Rad über ihr steht

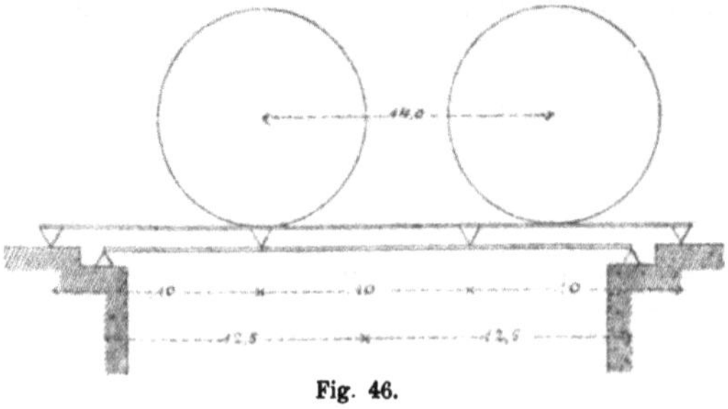
Fig. 46.

$$\hat{\mathfrak{M}} = 43{,}56^{dcm\,T}$$

Fehlten die Schwellen, so wäre das absolute Maximalmoment $\hat{\mathfrak{M}}' = 42{,}77$ kleiner wie vorhin, obgleich jetzt um $2\,64^{T}$ mehr auf dem Träger lastet.

Der Auflagerdruck im Belastungsfalle (Fig. 46) ist $\hat{A} = 5{,}808^{T}$, dagegen $A' = 4{,}059$, wenn die Maschine bis zum Auflager vorgerückt ist, und bei dieser Stellung $\hat{A}'' = 9{,}504$, sobald sich Schienen und Träger berühren. —

gegen Zugkräfte als übermässig stark erweist, kann die gerade ausreichende Widerstandsfähigkeit gegen äussere Druckkräfte nur mit Hülfe der oben erwähnten besonderen Versteifungstheile erzielt werden, wodurch die Spannungsverhältnisse im Innern wesentlich verändert und so complicirt werden, dass eine genaue theoretische Untersuchung derselben unmöglich wird.

Bei den älteren Constructionen kam öfters Gusseisen für die gedrückte Gurtung in Anwendung; da aber die Verbindung der verschiedenen Eisensorten schwer zu bewerkstelligen ist und das Gusseisen sich auch nicht besonders widerstandsfähig gegen Stosswirkungen erweist, so kommt es zur Zeit nicht mehr im Körper der Tragwand zur Verwendung.

a) Brückenträger aus Blech im Allgemeinen.

§ 35. Form und Verhältnisse des Querschnitts; Trägheitsmoment desselben. Wie aus den bisherigen Erörterungen hervorgeht, zeigen auch die Blechbalken doppelt T förmigen Querschnitt. Als zweckmässige Höhe ist nach Klose[1])

$$h = -6\,b + 5\,z + \sqrt{\frac{3\left(1{,}5\,\sigma\,\hat{\mathfrak{M}}_k\right)}{z\,\hat{\alpha}} + 48\,b^2} \qquad (157$$

zu nehmen. Es ergibt sich diese Relation, wenn man das für homogene Träger entwickelte Maximaltragmoment $\hat{\mathfrak{M}} = \frac{\hat{\alpha}\,z}{3}\left(h - 2\,z\right)^2$ um das Tragmoment der 4 Winkel vermehrt. $1{,}5\,\sigma\,\hat{\mathfrak{M}}_k$ bedeutet wieder das grösste Angriffsmoment, $\hat{\alpha}$ die zulässige Spannung des Materials, z die kleinste Dicke der Blechwand, welche jedenfalls Sicherheit gegen Abscherung bieten muss, b die durch praktische Erwägungen festgestellte Breite der Gurtungswinkel, deren Dicke ebenfalls gleich z gedacht ist. Für Eisenbahnbrücken liefert diese Relation eine Höhe ungefähr gleich dem 10. Theil der Spannweite, für Steinbahnbrücken etwas geringere Werthe, da hier die Angriffsmomente entschieden kleiner sind.

Was das Trägheitsmoment betrifft, so ist sein genauer Werth für den vollen Querschnitt nach Fig. 47

$$\Theta = \frac{1}{12}\left\{e\,h^3 - \left(e - e_1\right)h_1^3 - \left(e_1 - e_2\right)h_2^3 - \left(e_2 - z\right)h_3^3\right\} \qquad (158$$

[1]) Klose, Theorie der eisernen Träger mit Doppelflanschen, Hannover 1862.

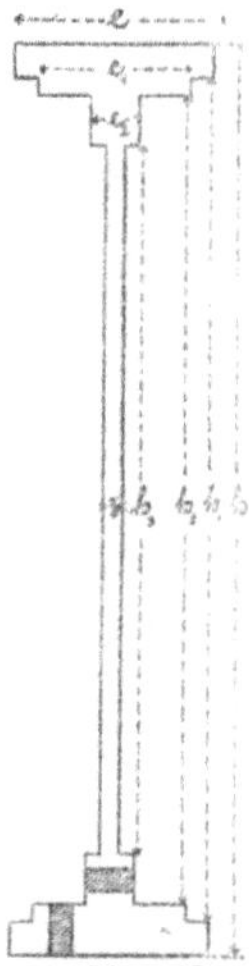
Fig. 47.

Das wirksame Trägheitsmoment ist kleiner, weil zur Verbindung der einzelnen Theile zu einem Ganzen Bolzen gebraucht werden, welche eine Verkleinerung der Querschnittsfläche bedingen, wenigstens in den gezogenen Theilen des Trägers; in den gedrückten Theilen macht sich eine Verschwächung nicht fühlbar. Gewöhnlich nun ist die Nieteintheilung so angenommen, dass in einen verticalen Trägerquerschnitt 4 Nietlöcher in den Gurtungen und ausserdem eine Anzahl Löcher im Steg treffen. Von ersteren sind die beiden in der Zuggurtung gelegenen, nach Fig. 47 ein horizontales und ein verticales, in Betracht zu ziehen und man kann ohne wesentlichen Fehler ihr Trägheitsmoment gleich dem Product aus der Fläche in das Quadrat des Abstandes des Schwerpunktes von der neutralen Schichte setzen. Die Vertheilung der Löcher im Steg ist zu verschiedenartig, als dass eine allgemein gültige Annahme gemacht werden könnte, es genügt erfahrungsgemäss, das Trägheitsmoment desselben um ca. $^1/_4$ zu verringern, so dass man also bei einem Lochdurchmesser d als wirksames Trägheitsmoment des Querschnittes

$$\Theta' = \Theta - \frac{d(h - h_2)}{2} \left(\frac{h + h_2}{4}\right)^2 - e_2\, d \left(\frac{h_2 + h_3}{4}\right)^2 - \frac{1}{4} \cdot \frac{z\, h_3^3}{12} \qquad (159$$

erhält.

Zuweilen ist es erwünscht, das Trägheitsmoment rascher, wenn auch nicht mit voller Schärfe zu bestimmen; dann empfiehlt sich die Näherungsformel[1])

$$\Theta = h_0'\, m_0 \left(F_m + \frac{1}{3}\, z\, m_0\right) = h_0'\, n_0 \left(F_n + \frac{1}{3}\, z\, n_0\right) \qquad (160$$

F_m und F_n bedeuten die Querschnittsflächen der Gurtungen (jede nur aus Lamellen und Winkeln bestehend gedacht), m_0 und n_0 den Abstand ihrer Schwerpunkte von der neutralen Axe, $h_0' = m_0 + n_0$ den gegenseitigen Abstand derselben, z die Stegdicke. Für symmetrisch gebildete Querschnitte ist $F_m = F_n = F$ und $m_0 = n_0 = \frac{h_0'}{2}$, folglich

$$\Theta = \frac{h_0'^2}{2} \left(F + \frac{1}{6}\, z\, h_0'\right) \qquad (161$$

[1]) Laissle und Schübler, der Bau der Brückenträger. I. Th. 3. Aufl. S. 26.

Beide Näherungsformeln ergeben sich aus der Erwägung, dass die Gurtungshöhe gering ist im Verhältniss zur Höhe des Trägers, und unter der Annahme, dass der Schwerpunkt der Gurtungen oben und unten am Ende der Blechwand liegt. Zur Gurtung werden dabei nur die Winkel sammt Lamellen, mit Ausschluss des zwischen ihnen befindlichen kleinen Wandstückes, gerechnet[1]).

§ 36. Verbindung der Bleche und Façoneisen zu einem Ganzen. Bildeten Gurtungen und Wand ein homogenes Ganzes, so würden die in den §§ 22 und 23 besprochenen Scherkräfte durch die Schubfestigkeit des Trägermaterials aufgehoben, z. B. die in dem Abstande y_1 (Fig. 49) auftretende horizontale Schubkraft, nach Gleichung 72 für die Fläche z . 1 vom Betrage

$$\hat{g}_{y_1} = \frac{\hat{V}}{\Theta} \int_{y_1}^{m} y\, z\, dy \tag{162}$$

durch die Festigkeit des Steges. Denkt man sich die Gurtungen, d. h. Winkel und Lamellen, aus einem Stück und nach Fig. 49 auf den Steg gesteckt, so werden beide Theile sich an einander zu verschieben suchen, sobald Belastungen eine Biegung des Trägers anstreben, und zwar mit einer Kraft, welche nahezu gleich $\hat{g}_{y_1}$ wird. Dieser Verschiebung widersetzen sich die horizontalen, durch Winkel und Wand-

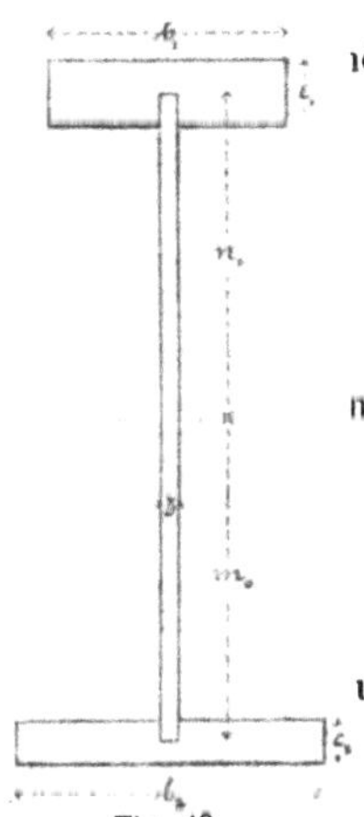

Fig. 48.

[1]) Sind die Dimensionen c_1 und c_2 klein im Vergleich zur Trägerhöhe, so gilt mit ausreichender Annäherung

$$\Theta = F_n \,.\, n_0^2 + F_m \,.\, m_0^2 + \frac{1}{3} z\, n_0^3 + \frac{1}{3} z\, m_0^3$$

$$= n_0^2 \left[F_n + \frac{1}{3} z\, n_0\right] + m_0^2 \left[F_m + \frac{1}{3} z\, m_0\right]$$

Da die neutrale Axe durch den Schwerpunkt gehend angenommen wird, so gilt

$$F_n \,.\, n_0 + z \,.\, \frac{n_0^2}{2} = F_m \,.\, m_0 + z \,.\, \frac{m_0^2}{2}$$

oder $$n_0\left(F_n + \frac{1}{2} z\, n_0\right) = m_0\left(F_m + \frac{1}{2} z\, m_0\right)$$

und innerhalb der bisher zugelassenen Genauigkeitsgrenze auch

$$n_0\left(F_n + \frac{1}{3} z\, n_0\right) = m_0\left(F_m + \frac{1}{3} z\, m_0\right)$$

so dass schliesslich

$$\Theta = n_0^2\left(F_n + \frac{1}{3} z\, n_0\right) + m_0\, n_0\left(F_n + \frac{1}{3} z\, n_0\right) = n_0\, h_0 \left(F_n + \frac{1}{3} z\, n_0\right)$$

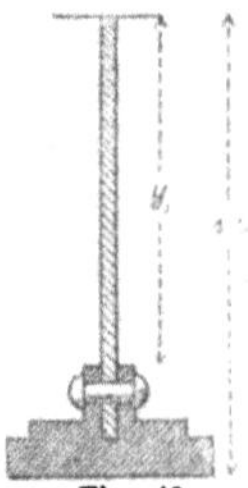

Fig. 49.

blech reichenden Nietbolzen mit je 2 Querschnittsflächen, wesshalb sie doppelschnittig genannt werden; jede derselben müsste in 2 Querschnitten abgeschert werden, wenn ein Gleiten der vollen Gurtung an der Wand eintreten sollte.

Ist a der gegenseitige Abstand zweier Nieten vom Durchmesser d, die zulässige Schubspannung für dieselben $\hat{\gamma}$, so hat offenbar eine derselben die auf der Strecke a vorhandene Schubkraft $a \,.\, \hat{g}_{y_1}$ aufzunehmen; es gilt demnach zunächst:

$$\frac{2\, d^2 \pi}{4} \,.\, \hat{\gamma} = a \,.\, \hat{g}_{y_1} = a \,.\, \frac{\hat{V}}{\Theta} \int_{y_1}^{m} z\, y\, dy$$

Um den niemals zu vermeidenden Ungenauigkeiten und Zufälligkeiten der Ausführung Rechnung zu tragen, nehmen erfahrene Constructeure an, dass nur 80% der Nieten zur vollen Wirksamkeit gelangen, oder dass von jedem Nietquerschnitt nur 0,8 als effectiv zu rechnen sei, wonach

$$\frac{2 \,.\, 0{,}8 \,.\, d^2 \pi}{4} \,.\, \hat{\gamma} = a \,.\, \hat{g}_{y_1}$$

und der gegenseitige Abstand der Nieten von Mitte zu Mitte

$$a = 0{,}4\, \pi\, d^2 \,.\, \frac{\hat{\gamma}}{\hat{g}_{y_1}} = 1{,}25\, d^2\, \frac{\hat{\gamma}}{\hat{g}_{y_1}} \qquad (163$$

Da die horizontale Schubkraft sich von Querschnitt zu Querschnitt ändert, und zwar von der Trägermitte aus nach den Enden wächst, so müsste dem entsprechend der Nietabstand gegen die Auflager hin allmählich enger genommen werden. Aus praktischen Gründen ist diess nicht zweckmässig, man begnügt sich mit 2 verschiedenen Abständen der Nieten, einem kleineren in den äusseren Trägertheilen, einem grösseren gegen die Trägermitte zu. Ersterer wird für die absolute Maximalverticalkraft und das Trägheitsmoment des Balkenquerschnitts am Auflager, letzterer für das grösste $\hat{V}$ und den kleinsten Querschnitt bestimmt, welche auf der Strecke vorkommen, innerhalb welcher dieser Nietabstand in Verwendung kommen soll. Beide Werthe gewähren zugleich eine hinreichend dichte Verbindung der Eisentheile, wie man sie aus praktischen Gründen fordern muss.

Abgesehen von den Nietbolzen könnte ein Bruch der Verbindung auch noch eintreten, wenn die Blechwand zwischen den Bolzen ausgeschlitzt würde. Manche Autoren nehmen an, das Blech widerstehe hierbei nur mit der Fläche $(a - d)z$, so dass, wenn $\hat{\gamma}_1$ die zulässige Spannung des Bleches bedeutet, die Bedingungsgleichung

$$\left(a - d\right) z \,.\, \hat{\gamma}_1 = a \,.\, \hat{g}_{y_1}$$

gilt, aus welcher

$$a = \frac{d}{1 - \frac{\hat{g}_{y_1}}{z\,\hat{\gamma}_1}} \qquad (164$$

als nothwendiger Abstand der Nietaxen sich ergibt. Es wird sich immer zeigen, dass der aus dieser Gleichung 164 folgende Werth kleiner ausfällt, als der der Gleichung 163 entsprechende, so dass eine Gefahr des Ausreissens der Blechwand nicht zu befürchten ist. Diess ist natürlich in noch höherem Masse der Fall, wenn die Annahme anderer Autoren zutreffend ist, dass nämlich 2 Bruchflächen im Bleche entstehen würden, und dasselbe mit der Gesammtfläche 2 $(a - d)z$ Widerstand leiste. Im Folgenden soll an der Gleichung 164 festgehalten werden und $\hat{\gamma}_1 = 30$ Tonnen pro $\square^{\text{dcm}}$, das ist die Hälfte der zulässigen Zugspannung, gesetzt werden.

Durch die bisher besprochenen Nieten wird für Gurtungswinkel und Wand der Zustand des Verwachsenseins herbeigeführt; in gleicher Weise sind nun auch Nieten zur Vereinigung der Lamellen mit den Winkeln erforderlich. In der Berührungsebene dieser beiden (Fig. 50) tritt eine Schubkraft auf, deren Werth für die Fläche $e_1 \,.\, 1$ durch die Gleichung

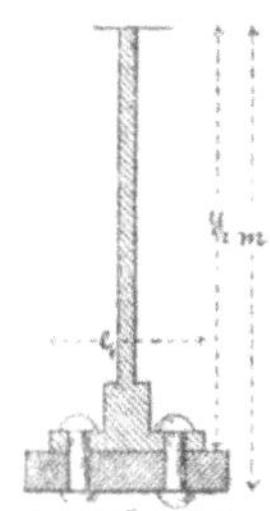

Fig. 50.

$$\hat{g}_{y_2} = \frac{V}{\Theta} \int_{y_2}^{m} e\, y\, dy \qquad (165$$

gegeben ist. Da die vertical gerichteten Nietbolzen hier offenbar **einschnittig** sind, d. h. nur mit je **einer** Querschnittsfläche Widerstand leisten, so gilt ähnlich wie früher und unter den gleichen Voraussetzungen wie dort

$$\frac{0{,}8\, d^2 \pi}{4} \,.\, \hat{\gamma} = a' \,.\, \hat{g}_{y_2}$$

$$\text{oder} \qquad \alpha' = 0{,}2\, d^2 \pi \frac{\hat{\gamma}}{\hat{g}_{y_2}} = 0{,}628\, d^2 \cdot \frac{\hat{\gamma}}{\hat{g}_{y_2}} \qquad (166$$

Bei Anordnung von mehreren Lamellen machen sich zwischen je zweien derselben Schubkräfte geltend, die jedoch um so kleiner sind, je weiter sie von der neutralen Axe abliegen; die Nieten können ihnen jedenfalls widerstehen, da sie für die grössere Schubkraft in der Oberfläche der Winkel berechnet sind.

Was endlich die verticalen Wandversteifungstheile betrifft, so haben die zu ihrer Verbindung mit der Wand dienenden Nietbolzen die Verticalkraft auszuhalten, welche an dieser Stelle im schlimmsten Falle auftreten kann. Der gegenseitige Abstand derselben kann sohin nach dem Vorausgegangenen leicht bestimmt werden.

Besondere Bemerkungen über ein- und doppelschnittige Nieten sind im folgenden Paragraphen zu finden.

Vorerst müssen noch einige Bemerkungen über die in den letzten Gleichungen vorkommenden Grössen d und $\hat{\gamma}$ gemacht werden. Es ist bekannt, dass für Kraftnieten ein möglichst grosser Durchmesser zweckmässig ist. Die Grenze, bis zu welcher man hierbei gehen darf, ist durch die Festigkeit des Bleches in den Lochlaibungen gegeben. Je grösser der Durchmesser gewählt wird, je mehr Kraft man also durch den Bolzen übertragen lässt, desto mehr wächst natürlich die Gefahr einer Zerstörung des Blechmaterials in den Lochwänden. Nach Versuchen von Gerber [1]) trat eine wahrnehmbare Stauchung dieser Wände bei einem Druck von 430^T bis 600^T pro $\square^{dcm}$ ein; es besitzt demnach das Walzeisen gegen Angriffe solcher Art eine Festigkeit, die wenigstens $\frac{430}{160} = 2{,}7$ mal so gross ist als seine absolute Festigkeit [2]). Erstrebt man gleiche Sicherheit in Blech und Bolzen, so kommt man auf die Relation

$$\frac{\pi d^2}{4} \cdot \hat{\alpha} = d\, z\, (2{,}7\, \hat{\alpha})$$

woraus

$$d \leqq \frac{10{,}8}{\pi} \cdot z \leqq 3{,}4\, z \qquad (167$$

[1]) Ztschft. des Vereins deutscher Ingenieure, Bd. IX. S. 481.

[2]) Schwedler und Grashof nehmen weniger an.

und für doppelschnittige Nieten

$$2 \cdot \frac{\pi d^2}{4} \cdot \hat{\alpha} = d\, z\, (2{,}7\, \hat{\alpha})$$

also $$d \overline{\underset{<}{=}} 1{,}7\, z \qquad (168$$

Ungefähr gleiche Resultate liefern andere gebräuchliche Formeln, z. B. die folgende

$$d = 0{,}3^{\text{cm}} + 1{,}67\, z \qquad (169$$

Um weiter passende Annahmen für die Grösse $\hat{\gamma}$ machen zu können, ist es nöthig, die Art und Weise der Nietung genau zu kennen. Man unterscheidet kalte und warme Nietung, je nachdem die Nieten in warmem oder rothglühendem Zustande eingebracht werden. Im ersten Falle kann ein genauer Anschluss der Bolzen an den Lochlaibungen erzielt werden, besonders wenn jene schwach conisch abgedreht, diese etwas kleiner gebohrt oder gestanzt und dann noch bis zur richtigen Grösse ausgerieben werden. Andere Verhältnisse ergeben sich bei warmer Nietung. Hier müssen die Durchmesser der Löcher von vorneherein grösser als die Nietschäfte sein, damit letztere im glühenden Zustande eingebracht werden können. Gerade deshalb aber ist zu fürchten, dass nach dem Erkalten ein Anschluss in den Laibungen nicht bestehen wird, und es müsste sich diess auch in sehr merklichem Grade ergeben, wenn nicht die Abkühlung ziemlich rasch, grossen Theils noch während der Arbeit erfolgte, so dass in gleichem Masse auch eine Stauchung des Bolzenmaterials ermöglicht würde. Immerhin aber kann hier auf ein vollständiges Ausfüllen nicht gerechnet werden, da noch obendrein auch die Nietschäfte nicht vollkommen kreisrund hergestellt werden können. Noch ein anderer Umstand darf nicht übersehen werden: Die Verkürzung des Bolzenschaftes nach eingetretener Erkaltung würde nicht unbedeutend sein; da sie wegen der zwischenliegenden Bleche gar nicht oder nur theilweise eintreten kann, werden diese fest an einander gepresst und zwischen ihnen eine beträchtliche Reibung erzeugt. Der hierbei nach der Längsaxe auftretende Zug kann sich unter Umständen so steigern, dass selbst ein Abreissen des Schaftes eintritt, dessen Länge hiernach bald eine Grenze findet. Es fragt sich nun vor Allem, kann auf diese Reibung gerechnet werden und ist es zweckmässig, sie bis zu einem gewissen Grade hervorzurufen? Letzteres erscheint bedenklich, weil damit die Gefahr wächst, dass eine grössere Anzahl Bolzen über die Elasticitätsgrenze angestrengt wird, und in ersterer Beziehung ist zu erwähnen, dass die allmähliche Ueberwindung der Reibung durch Vibrationen und Verdrehungen der einzelnen Theile wahrscheinlich ist [1]). So wäre also festgestellt, dass die Nieten, mögen sie kalt oder warm eingebracht worden sein, auf Schubfestigkeit beansprucht angesehen werden müssen, und es handelt sich jetzt nur noch um die Grösse dieser Festigkeit auf die Dauer.

Man hat die Schubfestigkeit des Nieteisens für sich geprüft und zu $^4/_5$ seiner absoluten Festigkeit gefunden, oder gleich der Zugfestigkeit des Bleches, so dass für kalt eingesetzte Nieten

$$\hat{\gamma} = 60^{\mathrm{T}} \text{ pro } \square^{\mathrm{dcm}} \qquad (170$$

gesetzt werden kann. Man hat auch warm zusammengenietete Bleche auseinander gerissen, wobei neben der Reibung zwischen denselben noch die Schubfestigkeit der Bolzen überwunden werden musste, und hat diese combinirte Festigkeit gleich der absoluten Festigkeit der Bleche (320 Tonnen) festgestellt, also kleiner als die früher gefundene Schubfestigkeit plus der besonders bestimmten Reibung, was sich so erklärt, dass erstere bei der gleichzeitig vorhandenen Zugspannung in den Bolzen herabgedrückt wird. Hiernach wäre, wenn auf die Reibung nicht gerechnet wird, für $\hat{\gamma}$ bei warm hergestellten Nieten eher noch weniger als 60 zu nehmen. Gewöhnlich wird man wohl auch hier diese Grösse festhalten. —

§ 37. **Stösse in den Blechträgern.** Sobald die Dimensionen der Blechträger nicht mehr ganz klein sind, wird es nothwendig, Blechwand wie Gurtungstheile der Länge nach aus mehreren Stücken zusammenzusetzen, entweder weil dieselben in so bedeutender Ausdehnung nicht zu haben sind, oder weil sie dann zu wenig handsam bei der Montirung wären. Es ergibt sich also die wichtige Aufgabe, mehrere zwischen gleichen Ebenen liegende Theile zu einem Ganzen zu vereinigen.

Nach Fig. 51 kann die Verbindung zweier Stabenden durch Be-

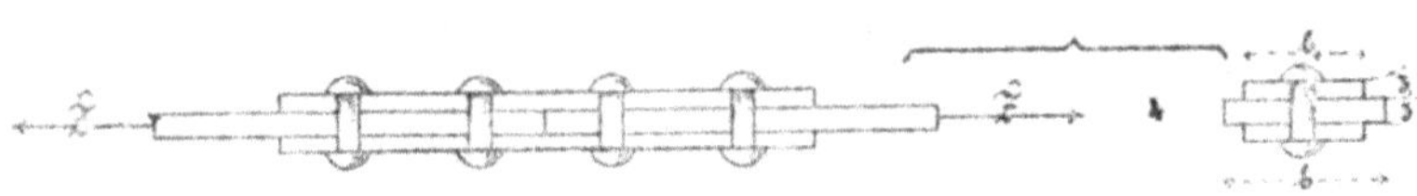

Fig. 51.

[1]) Gerber, Ztschft. des Vereins deutscher Ingenieure, Bd. IX., S. 481.

festigen derselben an einer Deckplatte geschehen. Unter der Voraussetzung, dass eine reine Scherwirkung stattfindet, und die kleinen an jedem Bolzen auftretenden Kräftepaare ausser Wirksamkeit bleiben, sodann für die Annahme, dass die μ Bolzen, welche zur Befestigung jedes Endes dienen, bei gleicher Dicke sich auch gleichmässig in die Kraftübertragung theilen, liegt Folgendes klar vor Augen:

Der in den gestossenen Theilen herrschende Zug ändert sich sprungweise von Bolzen zu Bolzen, die schwächste Stelle der gestossenen Stäbe ist bei den vordersten Bolzen, wo sich der noch unverminderte Zug $\hat{Z}$ auf die verschwächte Querschnittsfläche $(b - d)z$ vertheilt. (d = Bolzendurchmesser)

Für die Stossplatte liegt umgekehrt der gefährliche Querschnitt an jenem Bolzen, welcher sich zunächst der Stossstelle befindet, da hier die Uebertragung des Zuges $\hat{Z}$ bei einer Fläche $(b_1 - d)z_1$ bereits stattgefunden hat.

Von den Bolzen endlich widersteht jeder mit einer Querschnittsfläche, in welcher er mit der Kraft $\frac{\hat{Z}}{\mu}$ beansprucht ist.

Die Construction einer Stossverbindung gilt als zweckmässig, wenn das Material in allen ihren Theilen in gleichem Grade angestrengt wird, wenn demnach stattfindet

$$(b - d)\, z = (b_1 - d)\, z_1 = \mu \,.\, \frac{\pi\, d^2}{4} \text{*)} \qquad (171$$

Hieraus können auch Schlüsse für die Wahl des Bolzendurchmessers gezogen werden: Der durch das Bolzenloch verschwächte Querschnitt eines gestossenen Stabs ist $(b - d)z$, der ursprüngliche Querschnitt $b\,z$, das Verhältniss dieser beiden Flächen

$$\frac{b - d}{b}$$

oder weil nach Gleichung (171) auch $b = \mu \,.\, \frac{\pi\, d^2}{4\, z} + d$

$$\frac{b - d}{b} = \frac{1}{1 + \frac{4\, z}{\mu\, \pi\, d}} \qquad (172$$

woraus zu ersehen ist, dass die Verschwächung mit der Annäherung

*) Die Schubfestigkeit des Bolzens gleich der absoluten Festigkeit des Bleches.

des Quotienten an die Einheit oder also mit der Zunahme von *d* abnimmt. Ueber den Grenzwerth von *d* enthält der vorige Paragraph das Wichtigste.

Die Voraussetzung, dass die Bolzenschäfte einer reinen Scherwirkung unterliegen, ist im Allgemeinen nicht zutreffend; es wird sich immer auch eine Tendenz zur Verbiegung der Bleche bemerklich machen, wobei die Bolzenköpfe in besonderer Weise angestrengt werden. Bei der grösseren Anzahl der zur Befestigung jedes Stabendes erforderlichen Nieten ist dieselbe jedoch so geringfügig, dass man sie übersehen darf.

Das eben besprochene Verhältniss verschwindet ganz, und es wird noch ausserdem der grosse Vortheil erzielt, dass jeder Bolzen mit zwei Querschnittsflächen Widerstand leistet, sobald nach Fig. 52 beiderseits Stossplatten angebracht werden.

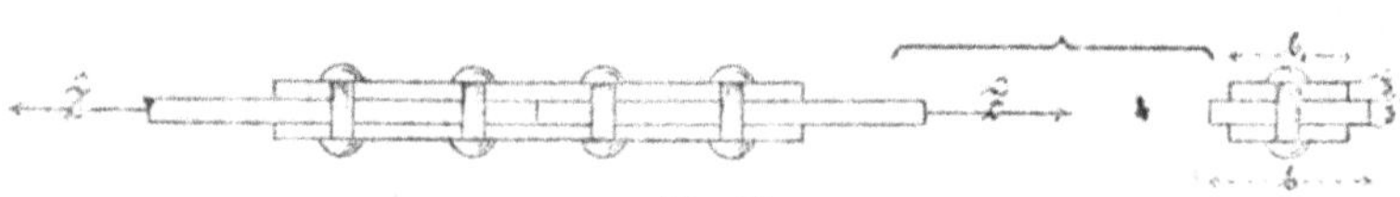

Fig. 52.

Es gilt dann

$$(b - d)\,z = 2\,(b_1 - d)\,z_1 = 2\,\mu\,.\,\frac{\pi\,d^2}{4} \qquad (173$$

Bei den Blechträgern für Brückenbauzwecke kommt es fast immer vor, dass zwischen der Stossplatte und dem gestossenen Theile, oder aber auf dessen anderer Seite durchlaufende Lamellen oder Winkel sich befinden. Man kann dann nicht annehmen, dass die zur Verbindung der gestossenen Enden mit der Stossplatte dienenden Bolzen die Zugkraft vollständig auf diese übertragen; es wird immer ein Theil dieser Kraft in die durchlaufenden Gurtungstheile übergehen, so dass in ihnen die Spannung höher steigt, als wenn kein Stoss an dieser Stelle ausgeführt wäre. Aus dem gleichen Grunde können auch dieselben Bolzen, welche zur Aufhebung der Schubkraft dienen, nicht gut gleichzeitig zur Befestigung der gestossenen Stabenden verwendet werden (wenigstens nicht gegen die Trägerenden hin, wo die Schubkräfte beträchtlicher werden), weil nicht sicher angegeben werden kann, in wieweit die verschiedenen Querschnitte derselben in der einen oder anderen Function betheiligt sind. Ein praktisch durchführbares Mittel zur Beseitigung dieses Missstandes gibt es nicht; das Bestreben kann also nur dahin gehen, ihn möglichst zu verringern.

Man wird vor Allem die Bolzenzahl an der Stossstelle gross wählen, damit der einzelne Schaft nur wenig Kraft auf die Stossplatte zu übertragen hat und demnach auch nur ein kleiner Betrag auf die zwischenliegenden Theile übergehen kann. Gewöhnlich setzt man, nachdem der Nietabstand mit Rücksicht auf die Schubkräfte festgestellt ist, noch so viele Nieten hinzu, als die Stossverbindung für sich erfordert. Legt man weiter die Stossplatten nach innen, der neutralen Schichte zugewendet, so erreicht man, dass nur solche durchgehende Theile eine Spannungsvergrösserung erleiden, in welchen bei ihrem geringeren Abstand von der neutralen Schichte noch nicht die zulässige Maximalanstrengung herrscht. Aehnliche Betrachtungen werden in manchen Fällen die Unzweckmässigkeit doppelter Stossplatten erweisen.

Zweckmässig ist es, die Stösse, besonders der Lamellen, in die Nähe jener Stellen zu verlegen, wo eine Aenderung des Trägerquerschnittes erfolgt. Wenn nämlich die Gurtung mehrere Lamellen enthält, so ist es angezeigt, die Querschnittsfläche entsprechend den kleineren Angriffsmomenten gegen die Auflager hin, absatzweise zu verkleinern. Besteht z. B. die Gurtung in der Trägermitte aus 2 Winkeln und 2 darauf gelegten Lamellen, so rechnet man sich zuerst das Widerstandsmoment, welches der Träger aushalten kann, falls seine Gurtungen neben dem Winkelpaar noch je e i n e Lamelle enthalten, und weiter den Ort, wo bei der ungünstigsten Belastungsweise ein eben so grosses Angriffsmoment erscheinen wird. Zwischen dem linkseitigen Auflager A und diesem Ort (bei CD in Fig. 53) reicht die kleinere Querschnittsfigur aus, rechts von CD ist der grössere Querschnitt anzunehmen. Die obere Lamelle muss also von der Trägermitte aus bis zu dieser

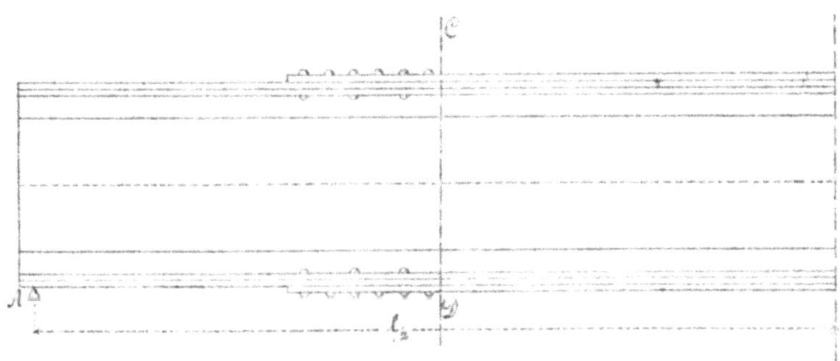

Fig. 53.

Stelle und noch so weit über dieselbe vorgeschoben werden, dass die zur Befestigung nothwendigen Nieten links von derselben Platz finden.

Sind b und z die Dimensionen der Lamelle, d der Nietdurchmesser, so herrscht in ersterer sehr nahe die Zugkraft (Druckkraft)

$$\hat{Z} = (b - d)\, z\, \hat{\alpha} \qquad (174$$

und die zur Uebertragung derselben nothwendige Nietenzahl μ folgt aus der Relation

$$\mu \,.\, 0{,}8 \cdot \frac{\pi\, d^2}{4} \,.\, \hat{\gamma} = (b - d)\, z\, \hat{\alpha}$$

zu
$$\mu = \frac{(b - d) z}{0{,}628 d^2} \cdot \frac{\hat{\alpha}}{\hat{\gamma}} \qquad (175$$

Hinter der ersten Niete ist der μ^{te} Theil der Zugkraft übertragen oder so zu sagen der μ^{te} Theil der Lamelle befestigt, hinter der 2. Niete $\frac{2}{\mu}$ Theile, hinter der μ^{ten} Niete bei CD erscheint die ganze Lamelle dem Träger einverleibt, dessen Querschnitt also 2 volle Lamellen in der Gurtung zeigt.

In der Nähe von CD würde man hier passender Weise Stösse von Gurtungstheilen anbringen und die oberste Lamelle als Stossplatte benützen, welche dann entsprechend verlängert werden müsste. Empfehlenswerth ist es endlich, mehrere Stösse so nahe zusammenzulegen, dass sie gemeinschaftliche Stossplatten erhalten können. Der Materialaufwand an Platten- und Bolzenmaterial ist dann geringer, als wenn die Stösse ohne Zusammenhang mit einander construirt worden wären, wie aus den Figuren 54 und 55 ohne Weiteres klar wird.

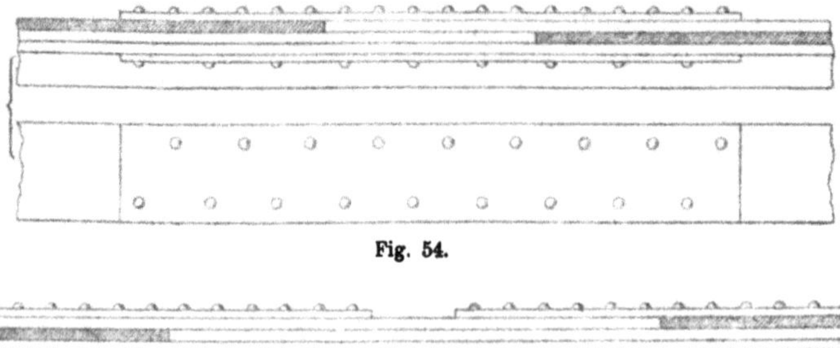

Fig. 54.

Fig. 55.

Ueber die Stösse in der Blechwand ist zu bemerken: Wäre der ganze Träger, mit der Wand auch die beiden Gurtungen, durch einen

Verticalschnitt in 2 Theile getrennt, so müsste zur Herstellung des Gleichgewichtes an der Schnittstelle eine Kraft gleich der Verticalkraft und ein Kräftepaar angebracht werden, welches den inneren Zug- und Druckkräften entspricht. Enthält nur die Wand eine Verticalfuge, während die Gurtungen durchlaufen, so kann man zunächst davon absehen, dass auch das Wandblech Druck und Zug erleidet, und annehmen, dass nur die Verticalkraft in die Stossplatten durch die Befestigungsnieten übergeht. Auch von der ungleichmässigen Vertheilung der Verticalkraft über die Querschnittsfläche kann man abstrahiren und festhalten, die verticale Schubkraft pro Längeneinheit in halber Trägerhöhe, nach Gleichung (75)

$$\text{Abs. Max. } \hat{g} = \frac{\text{Abs. Max. } \hat{V}}{\Theta} \int_0^m y \; z \; dy$$

sei gleichmässig von oben bis unten vertheilt. Da immer beiderseitige Stossplatten, also doppelschnittige Nieten verwendet werden, so gilt

$$\frac{2 \, . \, 0{,}8 \, . \, d^2 \pi}{4} \, . \, \hat{\gamma} = a'' \, . \, \text{Abs. Max. } \hat{g}$$

und hieraus der gegenseitige Nietenabstand a''

$$a'' = 1{,}25 \, d^2 \frac{\hat{\gamma}}{\text{Abs. Max. } \hat{g}} \tag{176}$$

Um schliesslich der Thatsache Rechnung zu tragen, dass die in der Blechwand vorhandenen Zug- und Druckkräfte noch besondere Anstrengungen der eben berechneten Nieten verursachen, so setzt man diese gegen die Gurtungen hin etwas dichter. Auf genauere Weise vorzugehen und etwa auch verschiedene Werthe von $\hat{V}$ in Betracht zu ziehen, ist kaum empfehlenswerth.

b) Einfache Brückenconstructionen mit Blechträgern.

§ 38. Die Fahrbahn wird entweder den Trägern oben aufgelegt, oder mit Benützung von kleinen Längs- und Querträgern zwischen dieselben eingelegt. Besonders einfach ist in beiden Fällen die Anordnung der Eisenbahnbrücken, bei welchen die Fahrschienen entweder ohne Zwischenmittel oder vermittelst hölzerner Querschwellen auf den Hauptträgern, resp. kleinen Längsträgern, ruhen. Fig. 56 zeigt den Querschnitt einer Brücke der ersten Art. Die beiden Tragwände sind durch Querconstructionen mit einander verbunden, welche bei dem durch die Geleisweite bedingten gegenseitigen Abstand jener von ca. 1,5^m alle 2,0 bis 2,5^m angebracht werden. Bei Spannweiten von etwa 2,5^m erscheinen sie also nur an den Auflagern, bei grösseren Weiten auch noch zwischen denselben, immer geben sie die Eintheilung für die horizontalen Windkreuze ab. Sie können aus 2 oberen und 2 unteren Winkeln gebildet werden, welche den Steg der *T*-förmigen Verticalversteifung umfassen und zwischen sich diagonale Bänder oder Strebenwinkel aufnehmen. In solcher Form bilden sie sehr kräftige Versteifungen der Träger, dennoch müssen zwischen ihnen zur weiteren Versteifung der Trägerwand, ungefähr alle 0,8 oder 0,9^m, jedenfalls unter jeder Querschwelle oder überhaupt da, wo sich eine concentrirte Kraftwirkung gegen die Gurtungen äussert, die schon früher erwähnten Absteifungen in Form von Winkel- oder *T*-Eisenstücken angebracht werden.

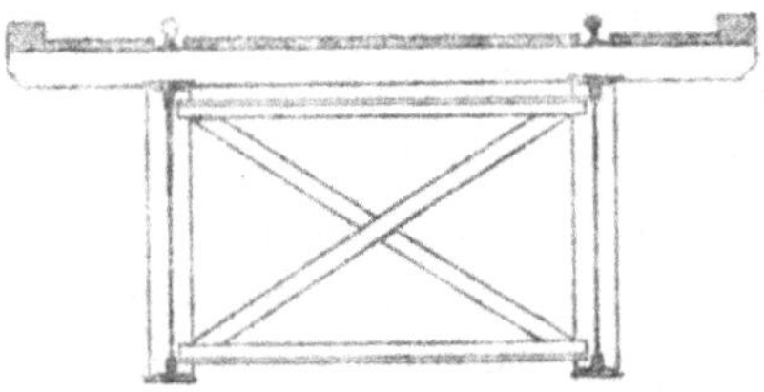

Fig. 56.

Liegt die Fahrbahn zwischen den Haupttragwänden, so ruht sie auf secundären Längsträgern, welche aus Blechtheilen zusammengesetzt, öfters auch als gewalzte Träger ausgeführt werden. Sie werden jetzt, leider nicht dauerhaft genug und deshalb nicht ganz zweckmässig, mittelst Winkeln an den als Blechbalken construirten Querträgern befestigt, die ihrerseits wieder durch Haftbleche etc. mit den Hauptträgern in Verbindung stehen. Es ergibt sich so eine sehr solide Verspannung der letzteren unter einander und die Eintheilung der Windkreuze von selbst.

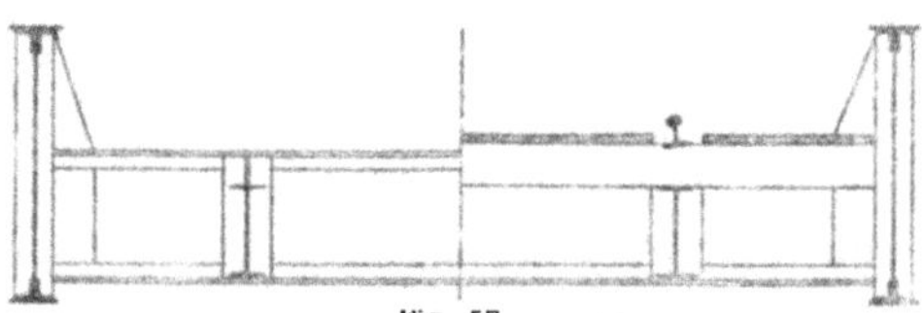

Fig. 57.

Näheres über die Detailconstruction, besonders auch über die Art der Auflagerung auf den Widerlagern, kann hier ohne allzugrosse Erweiterung des Buches nicht gegeben werden und es wird deshalb auf die autographirten Hefte der süddeutschen Brückenbaugesellschaft, sodann auf Bauernfeind's Vorlegeblätter für Brückenbau, in 3. Auflage herausgegeben von Asimont und Frauenholz, auf Heinzerling die Brücken der Gegenwart und auf die zahlreichen Publicationen in den verschiedenen Zeitschriften verwiesen.

Was die Berechnung betrifft, so können die Maximalwerthe von Verticalkraft und Angriffsmoment nach den Entwicklungen des Allgemeinen Theiles dieses Buches sodann mit Rücksicht auf die besonderen Bemerkungen in den vorausgehenden Paragraphen gefunden werden. Man wird dann gewöhnlich ein Profil für die Trägermitte zusammensetzen, welches voraussichtlich passen wird, und zusehen, ob dessen Tragmoment den Anforderungen entspricht. Ganz zweckmässig kann auch die Näherungsformel 161 für das Trägheitsmoment benützt und aus der Biegungsgleichung

$$\hat{\mathfrak{M}}_p + 1{,}5\,\tau\,\hat{\mathfrak{M}}_k = \frac{\hat{\alpha}}{m}\,.\,\Theta$$

die Querschnittsfläche F einer Gurtung berechnet werden, nachdem alle übrigen Grössen gewählt sind. Die so bestimmte Fläche wird dann in zweckmässiger Weise mit Lamellen und Winkeln gebildet. Bezüglich aller sonstigen Detailberechnung kann auf die vorausgehenden Paragraphen verwiesen werden.

III. Fachwerkbrücken.

Den Querschnitt der gewalzten Träger und Blechbalken nähert man der idealen Form, bei welcher Zug und Druck in zwei von einander getrennten Theilen vereinigt ist, durch Verringerung der Stegdicke auf das kleinste noch zulässige Mass. Da diess nur bis zu einer gewissen Grenze praktisch durchführbar ist, so bleibt bei vollwandigen Trägern die Materialvertheilung stets eine nicht ganz entsprechende, wie schon auf Seite 96 des Näheren auseinandergesetzt worden ist. Je grösser die zu überdeckenden Spannweiten sind, desto mehr überwiegt jener Missstand bei den Blechträgern die Vortheile derselben, welche in erster Linie in der Einfachheit der Herstellung zu suchen sind, so dass schon bei Spannweiten von 12—15^m passender Träger mit durchbrochener, gegliederter Wand, die F a c h w e r k t r ä g e r in Anwendung kommen. Bei ihnen geschieht die Vereinigung der Zug- und Druckgurtung nicht mehr durch eine volle Wand, sondern durch einzelne stab- und bandförmige Theile in solcher Weise, dass diese wie jene der Hauptsache nach nur absolut oder rückwirkend beansprucht werden. Man sieht nämlich darauf, dass die Axen der Zwischenglieder sich mit jenen der Gurtungstheile in Punkten, den K n o t e n p u n k t e n, schneiden, dass hier eine geringe Drehbarkeit der Theile eintreten kann und die äusseren Lasten womöglich nur an diesen Punkten auf die Träger einwirken. Sind die Querträger in den Verticalebenen der Knotenpunkte befestigt, so wirkt das ganze Gewicht der Fahrbahn, sowie die Verkehrsbelastung ausschliesslich nach der Längsrichtung der Stäbe und Bänder, auf Biegung nur das verhältnissmässig kleine Eigengewicht derselben, das übrigens auch gleichmässig auf die Knotenpunkte vertheilt angenommen wird. Da sich nun bei den Constructionstheilen, welche nur in ihrer absoluten oder rückwirkenden Festigkcit angegriffen werden, die Spannungen fast ganz gleichmässig über die Querschnittsflächen vertheilen, so können auch diese der Krafteinwirkung genau entsprechend bemessen werden, so dass die Fachwerkträger in dieser Hinsicht als besonders zweckmässige Constructionen bezeichnet werden müssen.

1. Fachwerkträger mit einfach angeordneten Zwischengliedern.

a) Träger mit beliebig geformten Gurtungen.

Die Gurtungen der Brückenträger erhalten verschiedenartige Formen; im Allgemeinen werden sie polygonal und convex nach aussen gebildet. Auch die Zwischenglieder können auf mancherlei Weise angeordnet werden; am einfachsten so, dass eine Reihe von Dreiecken entsteht, welche je eine Seite gemeinschaftlich haben, oder mit anderen Worten, dass sie einen ununterbrochen fortlaufenden Linienzug von einem Auflager zum anderen bilden. Es lassen sich dann Schnittebenen immer so legen, dass jedes Zwischenglied zugleich mit 2 Gurtungstheilen getroffen wird, und also nur drei innere Fachwerkskräfte auf einmal in Betracht kommen, welche durch die statischen Gleichgewichtsgleichungen für Kräfte in der Ebene unzweifelhaft bestimmt sind. Trifft es sich zuweilen, dass die Mittelkraft aus den am Trägerabschnitt wirkenden Kräften (die Verticalkraft) durch den Schnittpunkt der beiden durchschnittenen Gurtungstheile geht, so nimmt die Kraft in dem gleichzeitig getroffenen Zwischenglied den besonderen Werth Null an. Sind die Zwischenglieder auf weniger einfache Weise zwischen die Gurtungen vertheilt, so dass sie sich z. B. nicht nur in den Gurtungen, sondern auch noch zwischen denselben durchschneiden, so lassen sich die inneren Kräfte nur unter gewissen Voraussetzungen bestimmen.

Bei den folgenden Untersuchungen sollen statisch bestimmte Systeme aus starr gedachten Theilen in Betracht gezogen werden.

§ 39. **Grundgleichungen und allgemeine Eigenschaften.** In Fig. 58 ist ein Theil des Fachwerkträgers allgemeiner Form dargestellt. Er ist links von der Trägermitte gedacht; die für ihn gültigen Gesetze können sofort auf den rechtseitigen Theil übertragen werden. Die Knotenpunkte desselben sind oben und unten besonders numerirt, die oberen Gurtungstheile sollen mit O und der Knotenpunktsnummer an ihrem rechtseitigen Ende als Index bezeichnet werden, ebenso alle Theile der unteren Gurtung mit U, sodann die Zwischenglieder mit D und S, welchen als Index die Nummer des oberen Knotenpunktes, von welchem sie ausgehen, beigesetzt wird. Dieselben Buchstaben, welche die Fachwerksglieder bezeichnen, stellen auch die Kräfte in denselben dar, sobald sie mit der aufgesetzten Pfeilspitze versehen sind. Die Winkel der Fachwerkstheile mit dem Horizont heissen beziehungsweise φ, ψ, α, β, unterschieden durch dieselben Indexe wie die Kräfte, welchen sie zugehören, und schliesslich bedeutet

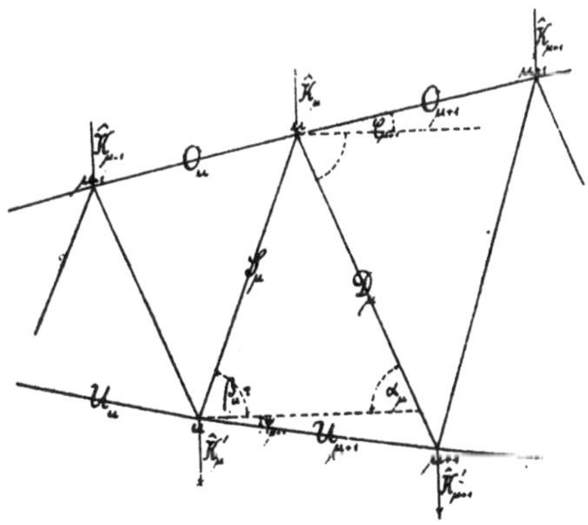

Fig. 58.

$\hat{\mathfrak{M}}_\mu$ das Angriffsmoment für den oberen Knotenpunkt Nro. μ

$\hat{\mathfrak{M}}'_\mu$ „ „ „ „ unteren „ Nro. μ

$\hat{V}_\mu$ die Verticalkraft links neben dem oberen Knotenpunkt Nro. μ

$\hat{V}'_\mu$ „ „ „ „ unteren „ Nro. μ

$\hat{K}_\mu$, $\hat{K}'_\mu$ die Knotenpunktsbelastungen und

h_μ, h'_μ die lothrechten Trägerhöhen, d. h. die Verticalabstände der Gurtungsschwerpunkte in den Knotenpunkten Nro. μ

Die Aufgabe geht dahin, Gleichungen zur Bestimmung der Kräfte $\hat{O}$, $\hat{U}$, $\hat{D}$ und $\hat{S}$ für gegebene Belastungsfälle zu finden, und der Weg zu ihrer Lösung ist der gewöhnliche: den im Gleichgewichtszustande befindlichen Träger durch Schnittebenen zu theilen und die zur Wiederherstellung des dadurch gestörten Gleichgewichtes in den Schnittstellen der Fachwerksglieder nach deren Längsrichtung anzubringenden Kräfte durch die Gesetze der Mechanik zu bestimmen.

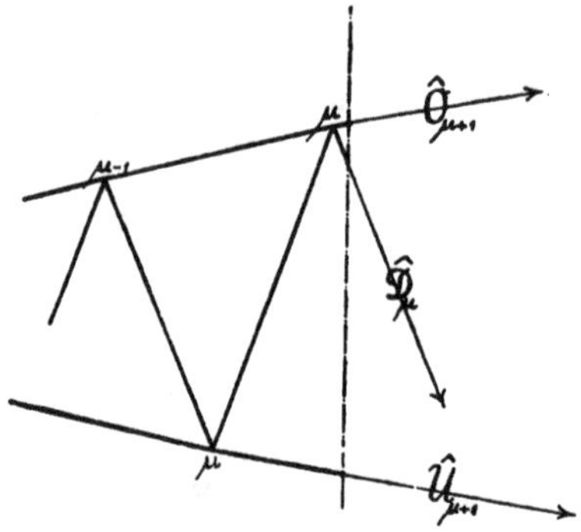

Fig. 59.

Zuerst werde ein Verticalschnitt dicht neben dem oberen Knotenpunkt μ geführt, durch welchen die Glieder $O_{\mu+1}$, $U_{\mu+1}$ und D_{μ} getroffen werden; die in der Richtung derselben anzubringenden Kräfte werden vorerst als Zugkräfte und positiv aufgefasst, ergibt sich die eine oder andere negativ aus der Rechnung, so wird sie damit als Druckkraft charakterisirt. Die statischen Gleichgewichtsgleichungen werden nun mit Rücksicht auf Fig. 59 die folgenden:

$$\hat{O}_{\mu+1} \cos \varphi_{\mu+1} + \hat{U}_{\mu+1} \cos \psi'_{\mu+1} + \hat{D}_{\mu} \cos \alpha_{\mu} = 0 \qquad (177$$

sodann, wenn die Richtung der Auflagerreaction als positiv gedacht wird,

$$\hat{V}'_{\mu+1} + \hat{O}_{\mu+1} \sin \varphi_{\mu+1} - \hat{U}_{\mu+1} \sin \psi'_{\mu+1} - \hat{D}_{\mu} \sin \alpha_{\mu} = 0 \qquad (178$$

und, wenn der obere Knotenpunkt μ als Momentendrehpunkt und die Drehrichtung des Momentes der Auflagerreaction als positiv festgesezt wird,

$$\hat{\mathfrak{M}}_{\mu} - \hat{U}_{\mu+1} \cos \psi_{\mu+1} . h_{\mu} = 0 \qquad (179$$

Die drei Unbekannten $\hat{O}_{\mu+1}$, $\hat{U}_{\mu+1}$ und $\hat{D}_{\mu}$ sind hiermit bestimmt; der Bequemlichkeit halber aber werde noch eine 4. Gleichung herbeigezogen, welche sich durch einen Verticalschnitt dicht links neben dem unteren Knotenpunkt $(\mu+1)$ und für denselben als Drehpunkt ergibt, nämlich

$$\hat{\mathfrak{M}}'_{\mu+1} + \hat{O}_{\mu+1} \cos \varphi_{\mu+1} . h'_{\mu+1} = 0 \qquad (180$$

Zur Berechnung der Kräfte $\hat{S}$ kann endlich eine der beiden folgenden Gleichungen

$$\hat{O}_\mu \cos\varphi_\mu + \hat{U}_{\mu+1} \cos\psi_{\mu+1} + \hat{S}_\mu \cos\beta_\mu = 0 \tag{181}$$

$$\hat{V}_\mu + \hat{O}_\mu \sin\varphi_\mu + \hat{S}_\mu \sin\hat{\beta}_\mu - \hat{U}_{\mu+1} \sin\psi_{\mu+1} = 0 \tag{182}$$

benützt werden, welche sich in einfacher Weise aus Fig. 60 anschreiben lassen.

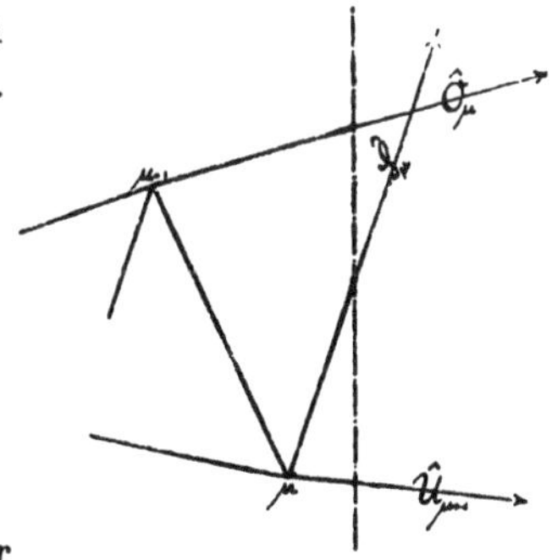

Fig. 60

Aus den Relationen 179 und 180 ergibt sich

$$\hat{O}_{\mu+1} \cos\varphi_{\mu+1} = -\frac{\hat{\mathfrak{M}}'_{\mu+1}}{h'_{\mu+1}} \tag{I}$$

$$\hat{U}_{\mu+1} \cos\psi_{\mu+1} = +\frac{\hat{\mathfrak{M}}_\mu}{h_\mu} \tag{II}$$

sodann aus 177 und 181 mit Berücksichtigung der eben gefundenen Werthe

$$\hat{D}_\mu \cos\alpha_\mu = -\hat{O}_{\mu+1} \cos\varphi_{\mu+1} - \hat{U}_{\mu+1} \cos\psi_{\mu+1} = \frac{\hat{\mathfrak{M}}'_{\mu+1}}{h'_{\mu+1}} - \frac{\hat{\mathfrak{M}}_\mu}{h_\mu} \tag{III}$$

$$\hat{S}_\mu \cos\beta_\mu = -\hat{O}_\mu \cos\varphi_\mu - \hat{U}_{\mu+1} \cos\psi_{\mu+1} = \frac{\hat{\mathfrak{M}}'_\mu}{h'_\mu} - \frac{\hat{\mathfrak{M}}_\mu}{h_\mu} \tag{IV}$$

und endlich aus 178 und 182

$$\hat{D}_\mu \sin\alpha_\mu = \hat{V}'_{\mu+1} + \hat{O}_{\mu+1} \sin\varphi_{\mu+1} - \hat{U}_{\mu+1} \sin\psi_{\mu+1} \tag{V}$$

$$\hat{S}_\mu \sin\beta_\mu = \hat{V}_\mu + \hat{O}_\mu \sin\varphi_\mu - \hat{U}_{\mu+1} \sin\psi_{\mu+1} \tag{VI}$$

Diese 6 Grundgleichungen sprechen eine Reihe allgemeiner Eigenschaften der einfachen Fachwerkträger aus:

1) In der oberen Gurtung herrscht durchaus Druck, in allen Theilen der unteren Zug, und die Horizontalprojection der Gurtungskraft ist gleich dem Quotienten aus dem Angriffsmoment für den gegenüberliegenden Knotenpunkt in die Trägerhöhe daselbst.

2) In einem Zwischenglied dagegen tritt im Allgemeinen bald Zug, bald Druck, je nach den Werthen des Quotienten $\frac{\hat{\mathfrak{M}}}{h}$ ein.

Ist z. B.

$$\frac{\hat{\mathfrak{M}}'_{\mu+1}}{h'_{\mu+1}} > \frac{\hat{\mathfrak{M}}_\mu}{h_\mu}$$

so ist der aus Gleichung III folgende Werth von $\hat{D}_\mu \cos \alpha_\mu$ positiv, und umgekehrt.

3) Die beiden in demselben Knotenpunkt zusammentreffenden Kräfte $\hat{S}_\mu$ und $\hat{D}_\mu$ haben im Allgemeinen entgegengesetzte Vorzeichen, abgesehen von den speciellen Fällen, in welchen $\frac{\hat{\mathfrak{M}}_\mu}{h_\mu}$ grösser oder kleiner ist sowohl wie der vorausgehende Werth $\frac{\hat{\mathfrak{M}}'_\mu}{h'_\mu}$ als auch der nachfolgende $\frac{\hat{\mathfrak{M}}'_{\mu+1}}{h'_{\mu+1}}$.

Sobald

$$\frac{\hat{\mathfrak{M}}'_\mu}{h'_\mu} > \frac{\hat{\mathfrak{M}}_\mu}{h_\mu} > \frac{\hat{\mathfrak{M}}'_{\mu+1}}{h'_{\mu+1}}$$

stattfindet, ist $\hat{D}_\mu \cos \alpha_\mu < 0$, dagegen $\hat{S}_\mu \cos \beta_\mu > 0$ und wenn

$$\frac{\hat{\mathfrak{M}}'_\mu}{h'_\mu} < \frac{\hat{\mathfrak{M}}_\mu}{h_\mu} < \frac{\hat{\mathfrak{M}}'_{\mu+1}}{h'_{\mu+1}}$$

stattfindet, ist $\hat{D}_\mu \cos \alpha_\mu > 0$, dagegen $\hat{S}_\mu \cos \beta_\mu < 0$.

Die Bedingung, unter welcher in einem Zwischenglied Zug oder Druck vorhanden ist, lässt sich auch in anderer Weise aussprechen. Mit Hinblick auf Fig. 61 kann man nämlich statt

$$\frac{\hat{\mathfrak{M}}_\mu}{h_\mu} \lessgtr \frac{\hat{\mathfrak{M}}'_{\mu+1}}{h'_{\mu+1}}$$

auch schreiben

$$\frac{\hat{\mathfrak{M}}'_{\mu+1} - d_1 \hat{V}'_{\mu+1}}{h_\mu} \lessgtr \frac{\hat{\mathfrak{M}}'_{\mu+1}}{h'_{\mu+1}}$$

oder weil

$$\frac{h_\mu}{h'_{\mu+1}} = \frac{a}{a+d_1},$$

auch

$$\hat{\mathfrak{M}}'_{\mu+1} - d_1 \hat{V}'_{\mu+1} \lesseqgtr \frac{a}{a+d_1} \cdot \hat{\mathfrak{M}}'_{\mu+1} \text{ oder } \frac{\hat{\mathfrak{M}}'_{\mu+1}}{\hat{V}'_{\mu+1}} \lesseqgtr (a+d_1)$$

und kann demnach auch sagen:

$\hat{D}_\mu$ ist eine Zugkraft und ihre Verticalcomponente der Verticalkraft entgegengesetzt, wenn letztere zwischen der betrachteten Diagonale $\hat{D}_\mu$ und dem Schnittpunkt der Gurtungstheile liegt, welche zugleich mit jener durch den Verticalschnitt getroffen werden, und

$\hat{D}_\mu$ ist eine Druckkraft und ihre Verticalprojection der Verticalkraft gleichgerichtet, wenn diese ausserhalb des Schnittpunktes der Gurtungsstücke liegt.

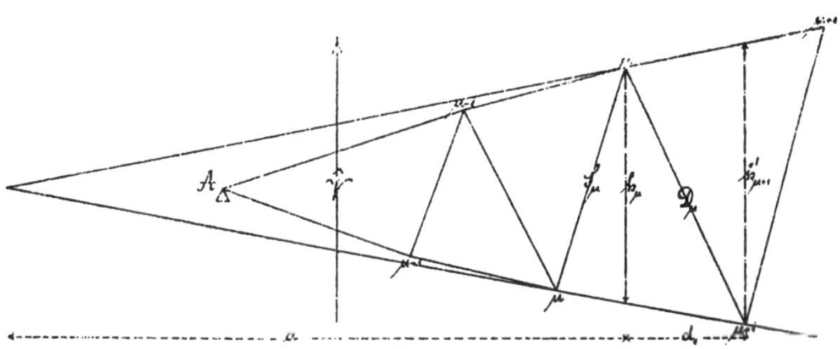

Fig. 61.

Vereinigt man endlich die Gleichungen III und IV durch Subtraction, so ergibt sich mit der neuen Relation

$$\hat{D}_\mu \cos\alpha_\mu - \hat{S}_\mu \cos\beta_\mu = \hat{O}_\mu \cos\varphi_\mu - \hat{O}_{\mu+1} \cos\varphi_{\mu+1}$$

$$= \frac{\hat{\mathfrak{M}}'_{\mu+1}}{h'_{\mu+1}} - \frac{\hat{\mathfrak{M}}'_\mu}{h'_\mu} \qquad (183$$

der Satz

4) Die Summe der Horizontalprojectionen der in einem Knotenpunkt zusammenstossenden Diagonalkräfte ist gleich der Differenz der Horizontalcomponenten der ebenda auftretenden Gurtungskräfte.

Als eine andere allgemeine Form des Fachwerks einfacher Art kann die in Fig. 62 dargestellte gelten, welche zwar aus der bisher betrachteten für die Specialwerthe $\sphericalangle\ \beta = 90^0$ entsteht, für welche aber nicht alle Grundgleichungen durch Specialisirung jener Nro. I—VI erhalten werden können. Indem nämlich bei ihr die Knotenpunkte gleicher Nummer lothrecht über einander zu liegen kommen, und

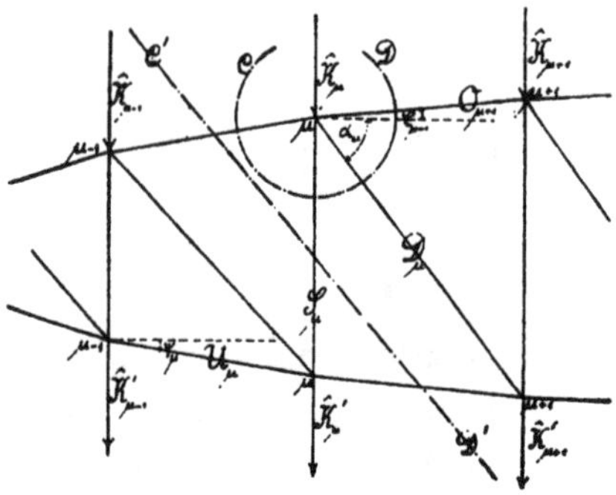

Fig. 62.

$$\hat{\mathfrak{M}}'_\mu = \hat{\mathfrak{M}}_\mu, \qquad \hat{V}'_\mu = \hat{V}_\mu, \qquad h'_\mu = h_\mu$$

stattfindet, erhält man aus den Grundgleichungen I—V die folgenden:

$$\hat{O}_{\mu+1} \cos \varphi_{\mu+1} = - \frac{\hat{\mathfrak{M}}_{\mu+1}}{h_{\mu+1}} \qquad \text{(I}'$$

$$\hat{U}_{\mu+1} \cos \psi_{\mu+1} = + \frac{\hat{\mathfrak{M}}_\mu}{h_\mu} \qquad \text{(II}'$$

$$\hat{D}_\mu \cos \alpha_\mu = - \hat{O}_{\mu+1} \cos \varphi_{\mu+1} - \hat{U}_{\mu+1} \cos \psi_{\mu+1}$$
$$= \frac{\hat{\mathfrak{M}}_{\mu+1}}{h_{\mu+1}} - \frac{\hat{\mathfrak{M}}_\mu}{h_\mu} \qquad \text{(III}'$$

$$0 = - \hat{O}_\mu \cos \varphi_\mu - \hat{U}_{\mu+1} \cos \psi_{\mu+1} = \frac{\hat{\mathfrak{M}}_\mu}{h_\mu} - \frac{\hat{\mathfrak{M}}_\mu}{h_\mu} \qquad \text{(IV}'$$

$$\hat{D}_\mu \sin \alpha_\mu = \hat{V}_{\mu+1} + \hat{O}_{\mu+1} \sin \varphi_{\mu+1} - \hat{U}_{\mu+1} \sin \psi_{\mu+1} \qquad \text{(V}'$$

Die Gleichung VI aber wird unbrauchbar, weil sie für einen, jetzt nicht anwendbaren Schnitt entstanden; auch ist für die Spannung in den lothrechten Gliedern die Vertheilung der Lasten auf die Knotenpunkte oben und unten, welche bisher unbeachtet bleiben konnte, nicht mehr gleichgültig. Führt man deshalb einen besonderen Rundschnitt, welcher alle vom oberen Knotenpunkt Nro. μ ausgehenden Fachwerksglieder trifft, so hat man die gewünschte Relation in der statischen Gleichgewichtsgleichung

$$\hat{S}_\mu = \hat{O}_{\mu+1} \sin \varphi_{\mu+1} - \hat{O}_\mu \sin \varphi_\mu - \hat{D}_\mu \sin \alpha_\mu - \hat{K}_\mu \quad \text{(VI}'$$

und ebenso liefert ein Cirkelschnitt um den unteren Knotenpunkt μ nach Fig. 63 die analoge Gleichung:

$$\hat{S}_\mu = \hat{U}_{\mu+1} \sin \psi_{\mu+1} - \hat{U}_\mu \sin \psi_\mu - \hat{D}_{\mu-1} \sin \alpha_{\mu-1} + \hat{K}'_\mu \quad \text{(VII}'$$

welche auch in der folgenden anderen, durch die schiefe Schnittebene $C' D'$ (Fig. 62) gelieferten Form zuweilen passend verwendet wird:

$$\left.\begin{aligned} \hat{S}_\mu &= \hat{U}_{\mu+1} \sin \psi_{\mu+1} - \hat{O}_\mu \sin \varphi_\mu - \hat{V}_{\mu+1} - \hat{K}_\mu \\ \text{oder} \quad \hat{S}_\mu &= \hat{U}_{\mu+1} \sin \psi_{\mu+1} - \hat{O}_\mu \sin \varphi_\mu - \hat{V}_\mu + \hat{K}'_\mu \end{aligned}\right\} \text{VII}''^{*)}$$

Ausser dem durch Gleichung 183 dargestellten Satz gelten alle für die erste allgemeine Fachwerksform ausgesprochenen Sätze 1—3; jener modificirt sich nur wenig dadurch, dass jetzt die Horizontalprojection von $\hat{S}_\mu$ Null wird. Als der zweiten Fachwerksform eigenthümlich gilt dagegen die durch Gleichung IV′ gegebene Eigenschaft:

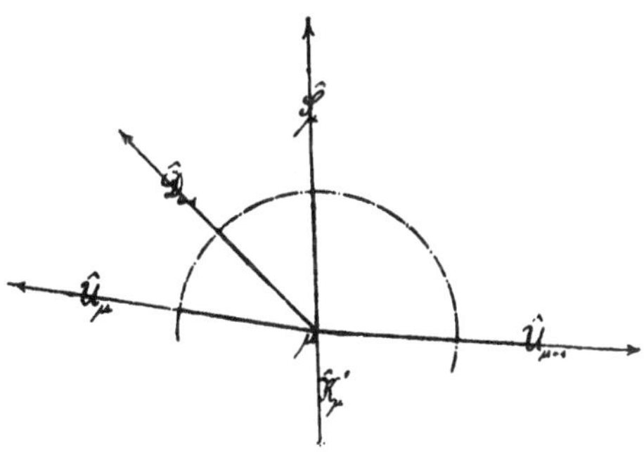

Fig. 63.

Die Horizontalcomponenten jener Gurtungskräfte, welche durch Parallele zu den diagonalen Gliedern bezeichnet werden, sind der Grösse nach einander gleich.

Mit Hülfe der Gleichungen I—VI oder I′—VII′ können die inneren Kräfte des Fachwerks berechnet werden, sobald neben der Form desselben auch die Belastung der Knotenpunkte feststeht. Diess ist nun gewöhnlich der Fall mit jener, welche durch das Eigengewicht bedingt wird, indem sich das Gewicht der Fahrbahn und der Hauptträgertheile nach dem Hebelgesetz auf die Knotenpunkte vertheilt, so dass die ständig vorhandenen Spannungen der Fachwerkstheile als bekannt angesehen werden können. Anders ist es mit den veränderlichen Knoten-

*) $\hat{S}_\mu$ ist stets als Zugkraft und positiv gedacht.

punktsbelastungen und den ihnen entsprechenden Spannungen, deren Grösse mit der Stellung der Verkehrslasten auf der Brücke wechselt. Hierbei handelt es sich immer in erster Linie um Fixirung der ungünstigsten Laststellungen, welche die Maxima der Fachwerkskräfte $\hat{O}$, $\hat{U}$, $\hat{D}$ und $\hat{S}$ liefern.

§ 40. **Maximalwerthe der Fachwerkskräfte für concentrirte Verkehrslasten.** Die Gurtungskräfte, nach den Gleichungen I und II, (oder I′ und II′)

$$\hat{O}_\mu \cos \varphi_\mu = -\frac{\hat{\mathfrak{M}}'_\mu}{h'_\mu}$$

$$\hat{U}_\mu \cos \psi_\mu = +\frac{\hat{\mathfrak{M}}_{\mu-1}}{h_{\mu-1}}$$

sind einfach proportional den Angriffsmomenten in den Knotenpunkten; ihre Maximalwerthe ergeben sich also für die Maxima dieser Momente, welche nach § 13 unabhängig von der Kraftübertragung durch die Zwischenträger sind. Für jeden Knotenpunkt ist nach den dort gegebenen Untersuchungen die ungünstigste Stellung des Normalbahnzuges aufzusuchen und das ihr entsprechende Moment mit der zugehörigen bekannten Trägerhöhe in die obigen Gleichungen einzusetzen.

Weniger einfach verhält es sich mit den Kräften in den Zwischengliedern, welche von gleichzeitigen Werthen des Angriffsmomentes und der Verticalkraft abhängen. Ihre Maximalwerthe sind durch besondere Untersuchungen festzustellen, wobei am besten die zweite Fachwerksform (Fig. 62) zu Grunde gelegt wird, weil bei Trägern mit polygonalen Gurtungen sehr häufig verticale Zwischenglieder angeordnet werden, bei Trägern mit geraden wagrechten Gurtungen aber, welche öfters lauter schiefe Zwischenglieder erhalten, die Grösse der Kräfte in denselben allein durch die Verticalkraft bedingt ist, für welchen Fall die Gesetze aus § 12 bereits bekannt sind.

Max. $\hat{D}$

Bei den nun vorzunehmenden Untersuchungen empfiehlt es sich, vom Eigengewicht der Brücke ganz abzusehen und nur jene Knotenpunktsbelastungen in Betracht zu ziehen, welche von den Verkehrslasten herrühren. Diese werden auf der Brücke zwischen den Auflagern vertheilt gedacht, so dass die Summe der auf das Trägerfeld zwischen den Knotenpunkten μ und $(\mu + 1)$ treffenden Lasten nach

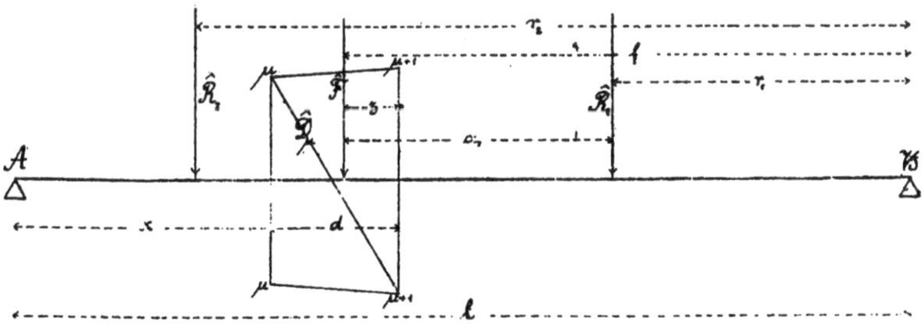

Fig. 64.

Fig. 64 $\hat{F}$ ist, die Summe aller links von diesem Feld befindlichen $\hat{R}_2$, während die in den rechtseitigen Feldern vorhandenen Drucke durch die Mittelkraft $\hat{R}_1$ repräsentirt sind. Der Ort dieser drei Resultanten ist durch die Abstände f, r_2 und r_1 derselben von der rechtseitigen Stütze B gegeben; weiter bedeutet x die Abscisse der Knotenpunkte μ, d die Feldweite, z den Abstand der Kraft $\hat{F}$ von der Verticalen durch die Knotenpunkte $(\mu + 1)$ und l wie immer die Spannweite des Trägers.

Für den Auflagerdruck in A erhält man jetzt

$$\hat{A} = \frac{1}{l}\left[\hat{R}_2 r_2 + \hat{F} f + \hat{R}_1 r_1\right] \tag{184}$$

sodann als Moment für den Querschnitt im Knotenpunkt μ

$$\hat{\mathfrak{M}}_\mu = \hat{A}\, x - \hat{R}_2\left(r_2 + x - l\right) \tag{185}$$

und ebenso

$$\hat{\mathfrak{M}}_{\mu+1} = \hat{A}\left(x + d\right) - \hat{R}_2\left(r_2 + x - l + d\right) - \hat{F} z \tag{186}$$

und folglich nach Grundgleichung III', wenn zugleich

$$h_{\mu+1} = \lambda \,.\, h_\mu$$

gesetzt wird,

$$\hat{D}_\mu \cos\alpha_\mu = \frac{\hat{\mathfrak{M}}_{\mu+1}}{h_{\mu+1}} - \frac{\hat{\mathfrak{M}}_\mu}{h_\mu} = \frac{1}{\lambda h_\mu}\left[\hat{A}\left(x + d\right) - \hat{R}_2\left(r_2 + x - l + d\right) - \hat{F} z\right]$$
$$- \frac{1}{h_\mu} \cdot \left[\hat{A} x - \hat{R}_2\left(r_2 + x - l\right)\right] =$$
$$= \frac{1}{\lambda h_\mu}\left\{\hat{A}\left[d - x(\lambda - 1)\right] + \hat{R}_2 (\lambda - 1)(r_2 + x - l) - \hat{R}_2 d - \hat{F} z\right\}$$

oder, wenn der Werth von $\hat{A}$ nach Gleichung 184 Berücksichtigung findet, nach einigen Umformungen:

$$\hat{D}_\mu \cos\alpha_\mu = \frac{1}{l\lambda h_\mu}\Big\{\hat{R}_1 r_1 \big[d - x(\lambda-1)\big] - \hat{R}_2 (l - r_2)\big[d + (l - x)$$

$$(\lambda - 1)\big] + \hat{F}\Big[f\big[d - x(\lambda-1)\big] - l z\Big]\Big\} \qquad (187$$

Nachdem die Gurtungen concav gegen die Trägeraxe gedacht werden oder im äusserten Falle parallel zu derselben, ist

$$\frac{h_{\mu+1}}{x+d} > \frac{h_{\mu+1} - h_\mu}{d}$$

oder, da $h_{\mu+1} = \lambda \,.\, h_\mu$ gesetzt worden,

$$d - x(\lambda - 1) > 0 \qquad (188$$

und natürlich auch

$$d + (l - x)(\lambda - 1) > 0 \qquad (189$$

Die mit $\hat{R}_1$ und $\hat{R}_2$ verbundenen Glieder der Gleichung 187 haben also stets entgegengesetzte Vorzeichen, womit für Träger der eben charakterisirten Form der Satz unzweifelhaft feststeht:

> Die diagonalen Zwischenglieder werden bei einseitiger Belastung besonders stark angestrengt, wenn nämlich die Verkehrslasten bis zu dem fraglichen Feld oder höchstens noch ein Stück in dasselbe vorgerückt sind.

Bei rechtseitiger Belastung würde man haben

$$\hat{D}_\mu \cos\alpha_\mu = \frac{1}{l\lambda h_\mu}\Big\{\hat{R}_1 r_1 \big[d - x(\lambda-1)\big] + \hat{F}\Big[f\big[d - x(\lambda - 1)\big] - l z\Big]\Big\}$$

oder mit der Bezeichnung $d - x(\lambda - 1) = c_1$ und wenn die Hebelarme r_1 und f als Funktionen von z, nämlich:

$$r_1 = l - x - d + z - a_1$$
$$f = l - x - d + z$$

eingesetzt werden, wobei a_1 den gegenseitigen Abstand der Mittelkräfte $\hat{F}$ und $\hat{R}_1$ bedeutet

$$\hat{D}_\mu \cos\alpha_\mu = \frac{1}{l\lambda h_\mu}\Big\{\hat{R}_1 c_1 \big(l - x - d + z - a_1\big) +$$

$$+ \hat{F}\big[c_1 (l - x - d + z) - l z\big]\Big\}$$

oder endlich

$$\hat{D}_\mu \cos\alpha_\mu = \frac{c_1}{l\lambda h_\mu}\Big\{\hat{R}_1(l-x-d-a_1)+\hat{F}(l-x-d)+$$
$$+z\Big[\Big(\hat{R}_1+\hat{F}\Big)-\hat{F}.\frac{l}{c_1}\Big]\Big\} \qquad (190$$

Ob und wie weit das Lastensystem noch in das fragliche Feld rücken muss, kann jetzt ebenfalls ohne Schwierigkeit angegeben werden.

So lange die Vertheilung der Lasten der Art ist, dass

$$\Big(\hat{R}_1+\hat{F}\Big)>\hat{F}.\frac{l}{c_1} \qquad (191$$

stattfindet, wächst der Werth von $\hat{D}_\mu$ offenbar mit der Strecke z, und es ist zur Erzielung eines möglichst grossen $\hat{D}_\mu$ das Lastensystem gegen das Auflager A hin zu verrücken, bis mit dem Uebertritt einer Last über den Knotenpunkt $(\mu+1)$ oder über das rechtseitige Auflager eine veränderte Lastvertheilung sich ergibt, worauf die Gleichung 190 entsprechend umgeschrieben und neuerdings auf dieselbe Weise wie vorher geprüft werden muss. Die gefährlichste Stellung wird so bald aufgefunden sein.

Noch bequemer wird diese Untersuchung und die Rechnung überhaupt, wenn man mit Berücksichtigung, dass nach Gleichung 184 der Auflagerdruck

$$\hat{A}=\frac{1}{l}\Big[\hat{R}_1(l-x-d-a_1+z)+\hat{F}(l-x-d+z)\Big]$$

ist, die Gleichung 190 in der einfacheren Form

$$\hat{D}_\mu \cos\alpha_\mu = \frac{c_1}{\lambda h_\mu}\Big\{\hat{A}-\hat{F}.\frac{z}{c_1}\Big\} \qquad (192$$

oder aber in der folgenden schreibt:

$$\hat{D}_\mu \cos\alpha_\mu = \frac{c_1}{\lambda h_\mu}\Big\{\hat{A}-\Big(\hat{F}.\frac{z}{d}\Big)\frac{d}{c_1}\Big\} \qquad (193^{*})$$

$\hat{F}.\frac{z}{d}$ bedeutet hierin den Knotendruck in μ und $\frac{c_1}{d}=\frac{d-x(\lambda-1)}{d}$

*) Siehe Asimont, Berechnung des Tragebalkens, Ztschft. des bayer. A.- u. I.-Vereins 1875.

einen von der Trägerform abhängigen Coefficienten, den sogenannten „Fachcoefficienten“. $\hat{D}_\mu \cos \alpha_\mu$ lässt sich also nach der Bemerkung auf Seite 32 oben als Differenz zweier Auflagerdrücke auffassen, wobei der Fachcoefficient die Verzerrung des kleinen Auflagerdruckpolygons bestimmt.

Max. $\hat{S}$

Auf die Kräfte in den verticalen Zwischengliedern $\hat{S}$ bleibt, wie schon bemerkt worden, die Lage der Fahrbahn nicht ohne Einfluss. Es werde deshalb zunächst angenommen, dieselbe sei in den unteren Knotenpunkten befestigt, so dass die oberen unbelastet erscheinen und zur Bestimmung von $\hat{S}_\mu$ die demnach modificirte Grundgleichung VI′, nämlich

$$\hat{S}_\mu = \hat{O}_{\mu+1} \sin \varphi_{\mu+1} - \hat{O}_\mu \sin \varphi_\mu - \hat{D}_\mu \sin \alpha_\mu$$

in Betracht kommt. Dieselbe geht mit Rücksicht auf die anderen Grundgleichungen I′ und III′, wonach

$$\hat{O}_{\mu+1} \cos \varphi_{\mu+1} = -\frac{\hat{\mathfrak{M}}_{\mu+1}}{h_{\mu+1}}, \quad \hat{O}_\mu \cos \varphi_\mu = -\frac{\hat{\mathfrak{M}}_\mu}{h_\mu},$$

$$\hat{D}_\mu \cos \alpha_\mu = \frac{\hat{\mathfrak{M}}_{\mu+1}}{h_{\mu+1}} - \frac{\hat{\mathfrak{M}}_\mu}{h_\mu}$$

in folgende über:

$$\hat{S}_\mu = \frac{\hat{\mathfrak{M}}_\mu}{h_\mu}\left(tg\, \varphi_\mu + tg\, \alpha_\mu\right) - \frac{\hat{\mathfrak{M}}_{\mu+1}}{h_{\mu+1}}\left(tg\, \varphi_{\mu+1} + tg\, \alpha_\mu\right) \quad (194$$

oder, wenn zur Vereinfachung für die bei gegebener Fachwerksform constanten Summen

$$tg\, \varphi_\mu + tg\, \alpha_\mu = \zeta$$

und

$$tg\, \varphi_{\mu+1} + tg\, \alpha_\mu = \xi$$

gesetzt wird, in

$$\hat{S}_\mu = \zeta \cdot \frac{\hat{\mathfrak{M}}_\mu}{h_\mu} - \xi \cdot \frac{\hat{\mathfrak{M}}_{\mu+1}}{h_{\mu+1}} \quad (195$$

Wenngleich Max. $\hat{S}_\mu$ ebenso wie Max. $\hat{D}_\mu$ bei einseitiger

Belastung auftritt, so sollen doch, um je nach Wunsch Gleichungen für recht- und linkseitige Aufstellungen von Lastensystemen entnehmen zu können, diese nach Fig. 65 über den ganzen Träger ausgebreitet

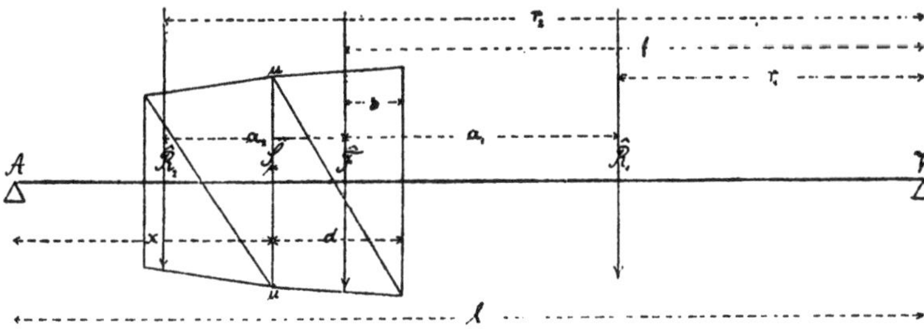

Fig. 65.

gedacht werden, so dass wie früher die Ausdrücke für $\hat{\mathfrak{M}}_\mu$, $\hat{\mathfrak{M}}_{\mu+1}$ und $\hat A$ nach den Gleichungen 184—186 in Betracht kommen.

Erstere in Gleichung 195 eingesetzt, ergeben

$$\hat S_\mu = \frac{1}{\lambda h_\mu}\Big\{\zeta\lambda\Big[\hat A x - \hat R_2 (r_2 + x - l)\Big] - \xi\Big[\hat A (x + d) - \hat R_2 (r_2 + x - l + d) - \hat F z\Big]\Big\} = -\frac{1}{\lambda h_\mu}\Big\{\hat A\Big[\xi d - x(\zeta\lambda - \xi)\Big] - \hat R_2\Big[\xi d - (r_2 + x - l)(\zeta\lambda - \xi)\Big] - \hat F \xi z\Big\}$$

sodann, wenn für $\hat A$ sein Werth substituirt und die Bezeichnung

$$\Big[\xi d - x(\zeta\lambda - \xi)\Big] = c_2$$

eingeführt wird:

$$\hat S_\mu = -\frac{1}{l\lambda h_\mu}\Big\{\hat R_1 r_1 c_2 - \hat R_2 (l - r_2)\Big[\xi d + (l - x)(\zeta\lambda - \xi)\Big] + \hat F\big(f c_2 - l\xi z\big)\Big\}$$

Hieraus findet man sofort Ausdrücke für die Maximalwerthe, wenn man beziehungsweise $\hat R_2$ und $\hat R_1$ Null setzt. Für rechtseitige Belastungen z. B. hat man

$$\hat S_\mu = -\frac{1}{l\lambda h_\mu}\Big\{\hat R_1 r_1 c_2 + \hat F (f c_2 - l\xi z)\Big\} = -\frac{c_2}{\lambda h_\mu}\Big\{\hat A - \hat F \cdot \frac{\xi z}{c_2}\Big\} \quad (197$$

und da

$$r_1 = l - x - d + z - a_1$$

$$f = l - x - d + z$$

hierfür und nach einigen Umformungen

$$\hat{S}_\mu = -\frac{c_2}{l\lambda h_\mu}\left\{\hat{R}_1(l - x - d - a_1) + \hat{F}(l - x - d) + \right.$$

$$\left. + z\left[(\hat{R}_1 + \hat{F}) - \hat{F}.\frac{\xi l}{c_2}\right]\right\} \qquad (198$$

Diese Gleichung kann nun endlich wie früher jene für $\hat{D}_\mu \cos\alpha_\mu$ noch specieller untersucht werden, indem man zusieht, ob

$$(\hat{R}_1 + \hat{F}) \gtrless \hat{F}.\frac{\xi l}{c_2} \qquad (199$$

stattfindet und dem entsprechend Verschiebungen des Lastensystems gegen die Auflager A oder B hin vornimmt.

Recht bequem wird auch wieder die Untersuchung der Verticalglieder, wenn man $\hat{S}_\mu$ als Differenz zweier Polygonordinaten ansieht; man braucht nur die Gleichung 197 in der anderen Form

$$\hat{S}_\mu = -\frac{c_2}{\lambda h_\mu}\left\{\hat{A} - \left(\hat{F}\,\frac{z}{d}\right).\frac{\xi d}{c_2}\right\}$$

zu schreiben, um zu erkennen, dass $\hat{F}\,\frac{z}{d}$ ebenfalls einen Auflagerdruck und $\frac{c_2}{\xi d} = \frac{\xi d - x(\zeta\lambda - \xi)}{\xi d}$ einen Coefficienten, den „Knotencoefficienten" darstellt, welcher der Fachwerksform entsprechend eine Verzerrung des einen Polygons bestimmt. —

Ruht die Fahrbahn in den oberen Knotenpunkten, so gestaltet sich die Entwicklung ähnlich wie die eben angestellte. Man geht etwa von der Grundgleichung VII′ aus, in welcher $\hat{K}_\mu = 0$ zu setzen ist:

$$\hat{S}_\mu = \hat{U}_{\mu+1} \sin\psi_{\mu+1} - \hat{U}_\mu \sin\psi_\mu - \hat{D}_{\mu-1} \sin\alpha_{\mu-1}$$

welche für die Werthe von $\hat{U}_\mu$, $\hat{U}_{\mu+1}$ und $\hat{D}_{\mu-1}$ in

$$\hat{S}_\mu = \frac{\hat{\mathfrak{M}}_\mu}{h_\mu}\left(tg\,\psi_{\mu+1} - tg\,\alpha_{\mu-1}\right) - \frac{\hat{\mathfrak{M}}_{\mu-1}}{h_{\mu-1}}\left(tg\,\psi_\mu - tg\,\alpha_{\mu-1}\right)$$

oder

$$\hat{S}_\mu = \eta \frac{\hat{\mathfrak{M}}_\mu}{h_\mu} - \omega \frac{\hat{\mathfrak{M}}_{\mu-1}}{h_{\mu-1}} \tag{200}$$

übergeht, überzeugt sich sodann, dass wie vorhin das Feld $\mu \ldots (\mu+1)$, jetzt das vorhergehende $(\mu - 1) \ldots \mu$ das theilweise belastete ist, so dass man für rechtseitige Belastung nach Fig. 66 auf die Gleichung

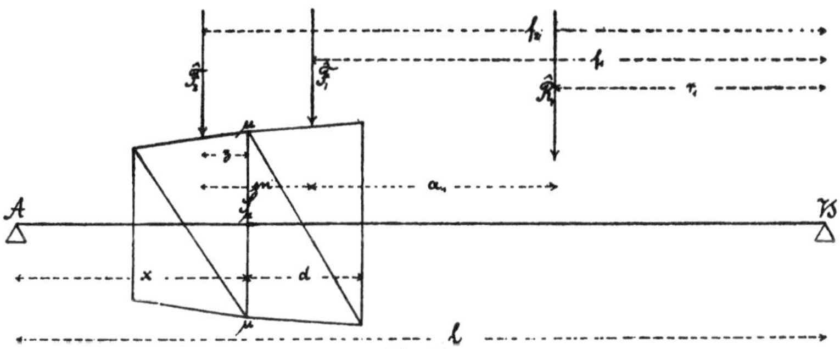

Fig. 66.

$$\hat{S}_\mu = \frac{1}{l\,\lambda_1\,h_{\mu-1}} \left\{c_3 (\hat{R}_1\, r_1 + \hat{F}_1\, f_1) + \hat{F}_2\, (f_2\, c_3 - l\,\eta\, z)\right\} \tag{201}$$

kommt, in welcher

$$c_3 = \left[\,\omega\,\lambda_1\, d - x\, (\omega\,\lambda_1 - \eta)\,\right]$$

und

$$h_\mu = \lambda_1\, h_{\mu-1}$$

gesetzt wurde. Für

$r_1 = l - x + z - m - a_1,\quad f_1 = l - x + z - m$ und $f_2 = l - x + z$

geht diese Gleichung in folgende über:

$$\hat{S}_\mu = \frac{c_3}{l\lambda_1 h_{\mu-1}} \left\{\hat{R}_1\,(l - x - m - a_1) + \hat{F}_1\,(l - x - m) + \hat{F}_2\,(l - x) + z\left[(\hat{R}_1 + \hat{F}_1 + \hat{F}_2) - \hat{F}_2 \,.\, \frac{\eta\, l}{c_3}\right]\right\} \tag{202}$$

welche, wie nun mehrmals auseinandergesetzt worden, auf den Werth von z geprüft werden kann.

§ 41. **Maximalwerthe der Fachwerkskräfte für gleichmässig vertheilte Verkehrslasten.** Es ist von Interesse, das Verhalten der Fachwerkskräfte bei gleichmässig vertheilter Belastung zu studiren, weil die Eigenschaften der verschiedenen Formen der

Träger hierbei deutlicher hervortreten, dann aber auch, weil manche derselben speciell für diese Art von Lasten construirt und erfunden worden sind.

Ueber die Gurtungskräfte genügen wenige Worte; es ist bemerkenswerth, dass alle Maxima derselben gleichzeitig auftreten, sobald die gleichmässig vertheilte Last ($\hat{k}$ pr. Längeneinheit des Trägers) von Auflager zu Auflager reicht, wobei bekanntlich auch die Maximalmomente in sämmtlichen Knotenpunktsquerschnitten erscheinen und sich aus der Parabelgleichung

$$\text{Max. } \hat{\mathfrak{M}}_k = \frac{\hat{k}}{2}\, x\,(l - x)$$

berechnen.

Die Maximalkräfte in den Zwischengliedern ergeben sich sehr schnell aus ihren Werthen für concentrirte Verkehrslasten durch Specialisirung derselben. So wurde für die Kraft $\hat{D}_\mu$ im vorigen Paragraphen die Gleichung 190

$$\hat{D}_\mu \cos\alpha_\mu = \frac{c_1}{l\,\lambda\,h_\mu}\left\{\hat{R}_1(l - x - d - a_1) + \hat{F}(l - x - d) + \right.$$
$$\left. + z\left[(\hat{R}_1 + \hat{F}) - \hat{F}\,.\,\frac{l}{c_1}\right]\right\}$$

gefunden, welche bei rechts aufgefahrenen Lasten gilt, wenn dieselben ein Stück weit in jenes Feld vorgerückt gedacht werden, welchem die fragliche Diagonale $\hat{D}_\mu$ angehört. Wird in diese Gleichung

$$\hat{R}_1 = \hat{k}\,(l - x - d),\ \hat{F} = 2\,\hat{k}\,z,\ \ a = z + \frac{1}{2}(l - x - d)$$

eingesetzt, so verwandelt sie sich in die folgende:

$$\hat{D}_\mu \cos\alpha_\mu = \frac{c_1\,\hat{k}}{l\,\lambda\,h_\mu}\left\{(l - x - d)\left[\frac{l - x - d}{2} - z\right] + 2\,z\,(l - x - d) + \right.$$
$$\left. + z\left[l - x - d + 2\,z - 2\,z\,\frac{l}{c_1}\right]\right\}$$

oder in

$$\hat{D}_\mu \cos\alpha_\mu = \frac{\hat{k}}{l\,\lambda\,h_\mu}\left\{\frac{c_1}{2}(l - x - d)^2 + 2\,c_1\,z\,(l - x - d) - 2\,z^2\,(l - c_1)\right\}$$

Ein grösster Werth von $\hat{D}_\mu$ ergibt sich hieraus für ein bestimmtes z, welches die Differentialgleichung

$$\frac{d(\hat{D}_\mu \cos\alpha_\mu)}{dz} = c_1(l - x - d) - 2z(l - c_1) = 0$$

liefert, nämlich

$$z_0 = \frac{c_1(l - x - d)}{2(l - c_1)} = \frac{l - x - d}{2} \cdot \frac{d - x(\lambda - 1)}{l - d + x(\lambda - 1)} \qquad (203$$

und damit

$$\text{Max.}\, \hat{D}_\mu \cos\alpha_\mu = \frac{\hat{k}(l - x - d)}{\lambda h_\mu} \cdot z_0 = \frac{\hat{k}(l - x - d)^2}{2 h_{\mu+1}} \cdot \frac{c_1}{l - c_1} \qquad (204$$

Ebenso würde bei linkseitiger Belastung

$$z_0' = \frac{[c_1 + l(\lambda - 1)]x}{2(l - c_1)} = \frac{x}{2} \cdot \frac{d + (l - x)(\lambda - 1)}{l - d + x(\lambda - 1)} \qquad (205$$

und $$\text{Max.}\, \hat{D}_\mu \cos\alpha_\mu = -\frac{\hat{k}x}{h_\mu} \cdot z_0' = -\frac{\hat{k}x^2}{2h_\mu} \cdot \frac{c_1 + l(\lambda - 1)}{l - c_1} \qquad (206$$

finden.

Was die Kräfte $\hat{S}_\mu$ betrifft, so gilt, falls die Fahrbahn unten liegt und es sich um rechtseitige Belastungen handelt, die Gleichung 198

$$\hat{S}_\mu = -\frac{c_2}{l\lambda h_\mu}\left\{\hat{R}_1(l - x - d - a_1) + \hat{F}(l - x - d) + \right.$$
$$\left. + z\left[(\hat{R}_1 + \hat{F}) - \hat{F}\frac{\xi l}{c_2}\right]\right\}$$

in welcher man wieder $\hat{R}_1$ und $\hat{F}$ als gleichmässig vertheilte Lasten auffassen und demnach

$$\hat{R}_1 = \hat{k}(l - x - d), \quad \hat{F} = \hat{k} \cdot 2z, \quad a_1 = z + \frac{l - x - d}{2}$$

setzen kann. Damit erhält man nach einigen Umformungen

$$\hat{S}_\mu = -\frac{\hat{k}}{l\lambda h_\mu}\left\{\frac{c_2}{2}(l - x - d)^2 + 2zc_2(l - x - d) - 2z^2(\xi l - c_2)\right\}$$

sodann aus deren Differentialgleichung

$$c_2(l - x - d) - 2z(\xi l - c_2) = 0$$

den besonderen Werth

$$z_0 = \frac{c_2 (l - x - d)}{2 (\xi l - c_2)} = \frac{l - x - d}{2} \cdot \frac{\xi d - x (\zeta \lambda - \xi)}{\xi (l - d) + x (\zeta \lambda - \xi)} \qquad (207$$

und schliesslich für diesen das gewünschte

$$\text{Max. } \hat{S}_\mu = - \frac{\hat{k}(l - x - d)}{\lambda h_\mu} \cdot \xi z_0 = - \frac{\hat{k}(l - x - d)^2}{2 h_{\mu+1}} \cdot \frac{\xi c_2}{\xi l - c_2} \qquad (208$$

Aehnliche Entwicklungen führen zu den Ergebnissen, die im Folgenden mit kurzen erläuternden Bemerkungen einfach zusammengestellt sind:

Wenn die Fahrbahn zwar noch unten liegt, die Last aber von links herein auf dem Träger vorrückt, so entsteht, wenn dieselbe um die doppelte Strecke

$$z_0 = \frac{[c_2 + l (\zeta \lambda - \xi)] x}{2 (\xi l - c_2)} \qquad (209$$

in das Feld $\mu \ldots . (\mu + 1)$ reicht, ein grösster Werth

$$\text{Max. } \hat{S}_\mu = + \frac{\hat{k} x^2}{2 h_\mu} \cdot \frac{\zeta [c_2 + l (\zeta \lambda - \xi)]}{\xi l - c_2} \qquad (210$$

Ruht dagegen die Fahrbahn in den oberen Knotenpunkten, so muss bei rechtseitiger Belastung auch noch ein Theil des Feldes $(\mu - 1) \ldots . \mu$ mit $\hat{k}$ bedeckt sein, wofür man

$$z_0 = \frac{c_3 (l - x)}{2 (\eta l - c_3)} \qquad (211$$

und

$$\text{Max. } \hat{S}_\mu = \frac{\hat{k} (l - x)^2}{2 h_\mu} \cdot \frac{\eta_{,} c_3}{\eta l - c_3} \qquad (212$$

findet und wobei nach § 40

$$c_3 = \omega \lambda_1 d - x (\omega \lambda_1 - \eta), \quad h_\mu = \lambda_1 h_{\mu-1}$$

$$\eta = tg\, \psi_{\mu+1} - tg\, \alpha_{\mu-1}, \qquad \omega = tg\, \psi'_\mu - tg\, \alpha_{\mu-1}$$

bedeutet. Bei obenliegender Fahrbahn und linkseitiger Belastung des Trägers endlich darf $\hat{k}$ nur noch in das Feld $(\mu - 1) \ldots \mu$ um das Stück

$$z_0 = \frac{\left[c_3 + l\,(\omega\,\lambda_1 - \eta)\right](x - d)}{(\eta\,l - c_3)} \tag{213}$$

vorgeschoben werden, wofür dann $\hat{S}_\mu$ den Werth

$$\text{Max. } \hat{S}_\mu = -\frac{\hat{k}\,(x-d)^2}{2\,h_{\mu-1}} \cdot \frac{\omega\left[c_3 + l\,(\omega\,\lambda_1 - \eta)\right]}{\eta\,l - c_3} \tag{214}$$

erreicht. —

§ 42. Belastung der Träger durch ihr und der übrigen Brückentheile Eigengewicht. Nachdem das Gewicht jedes einzelnen Theils der Hauptträger zu gleichen Beträgen auf jenen Knotenpunkten lastet, zwischen welchen sich derselbe erstreckt und das Gewicht der Fahrbahn und der sonstigen Constructionsglieder entweder auf die oberen oder unteren Knotenpunkte trifft, kann man den Zustand eines sonst unbelasteten Hauptträgers so auffassen, als ob eine gleichmässig vertheilte Last $\hat{p}$ in 2 ungleichen Theilen über ihn ausgebreitet wäre, so dass $\hat{p}_1$ pr. Längeneinheit der oberen, $\hat{p}_2$ pr. Längeneinheit der unteren Gurtung trifft.

Auf die Gurtungskräfte hat die Zertheilung der Last $\hat{p}$ keinen Einfluss; sie berechnen sich einfach mit Hülfe der Momentenwerthe

$$\hat{\mathfrak{M}} = \frac{\hat{p}}{2}\,x\,(l-x) = \frac{\hat{p}_1 + \hat{p}_2}{2}\,x\,(l-x) \tag{215}$$

aus den Gleichungen I' und II'.

Auch die Kräfte in den schiefen Zwischengliedern werden nicht weiter dadurch berührt, denn die Grundgleichung

$$\hat{D}_\mu \cos\alpha_\mu = \frac{\hat{\mathfrak{M}}_{\mu+1}}{h_{\mu+1}} - \frac{\hat{\mathfrak{M}}_\mu}{h_\mu}$$

geht, wenn, wie früher, die Abscisse der Knotenpunkte μ mit x bezeichnet wird, für die Ausdrücke

$$\hat{\mathfrak{M}}_\mu = \frac{\hat{p}}{2}\,x\,(l-x) \text{ und } \hat{\mathfrak{M}}_{\mu+1} = \frac{\hat{p}}{2}(x+d)\,(l-x-d)$$

in die folgende über:

$$\hat{D}_\mu \cos\alpha_\mu = \frac{\hat{p}}{2\,\lambda\,h_\mu}\left\{(l-x)\left[d - x\,(\lambda-1)\right] - d\,(x+d)\right\} =$$

$$= \frac{\hat{p}}{2\,h_{\mu+1}}\left\{c_1\,(l-x) - d\,(x+d)\right\} \tag{216}$$

Anders ist es mit den Kräften in den verticalen Zwischengliedern. Die Grundgleichungen VI′ oder VII′, welche nach den Entwicklungen des § 40 die Formen

$$\hat{S}_\mu = \zeta \frac{\hat{\mathfrak{M}}_\mu}{h_\mu} - \xi \frac{\hat{\mathfrak{M}}_{\mu+1}}{h_{\mu+1}} - \hat{K}_\mu$$

$$\hat{S}_\mu = \eta \frac{\hat{\mathfrak{M}}_\mu}{h_\mu} - \omega \frac{\hat{\mathfrak{M}}_{\mu-1}}{h_{\mu-1}} + \hat{K}'_\mu$$

annehmen, werden für die oben schon benützten Werthe von $\hat{\mathfrak{M}}_\mu$ und $\hat{\mathfrak{M}}_{\mu+1}$, sodann für

$$\hat{K}_\mu = \hat{p}_1 d$$

$$\hat{K}'_\mu = \hat{p}_2 d$$

$$\hat{S}_\mu = -\frac{\hat{p}}{2\lambda h_\mu}\left\{(l-x)\left[\xi d - x(\zeta\lambda - \xi)\right] - \xi d(x+d)\right\} - \hat{p}_1 d$$

oder $$\hat{S}_\mu = -\frac{\hat{p}}{2 h_{\mu+1}}\left\{c_2(l-x) - \xi d(x+d)\right\} - \hat{p}_1 d \qquad (217$$

und

$$\hat{S}_\mu = \frac{\hat{p}}{2\lambda_1 h_{\mu-1}}\left\{(l-x)\left[\omega\lambda_1 d - x(\omega\lambda_1 - \eta)\right] - \omega\lambda_1 d(x-d)\right\} + p_2 d$$

oder $$\hat{S}_\mu = \frac{\hat{p}}{2 h_\mu}\left\{c_3(l-x) - \omega\lambda_1 d(x-d)\right\} + \hat{p}_2 d \qquad (218$$

Während die durch das Brückengewicht bedingten Spannungen der Gurtungstheile sich immer zu jenen addiren, welche durch die Verkehrsbelastung hervorgerufen werden, ist diess bei den Zwischengliedern nicht unter allen Umständen der Fall; ein solches ist zuweilen im unbelasteten Zustande der Brücke, d. h. wenn nur deren Eigengewicht wirksam ist, stärker angestrengt, als wenn auch noch Verkehrslasten auf der Brücke vorhanden wären.

b) Fachwerke mit geraden horizontalen Gurtungen. (Parallelträger.)

§ 43. **Parallelträger mit zum Theil lothrechten Gliedern.** Aus den, unter allgemeinen Voraussetzungen im § 39 entwickelten Grundgleichungen können nun durch einfache Specialisirung die für bestimmte Formen der Fachwerke gültigen Gesetze abgeleitet werden. Für die vorliegende in Fig. 67 dargestellte Form liefern die Ausdrücke I′ bis VII′ für die besonderen Werthe

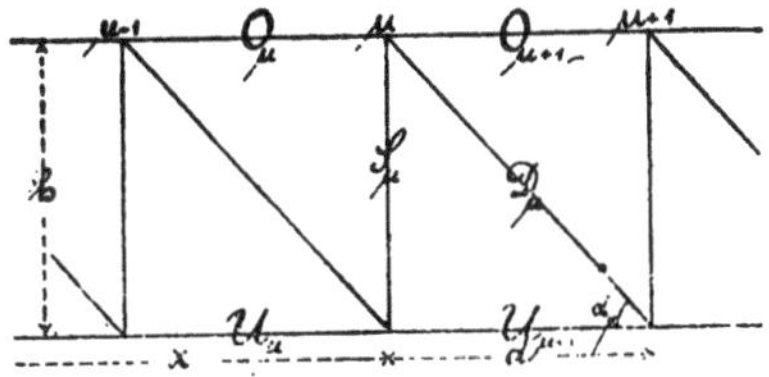

Fig. 67.

$$\sphericalangle \varphi_\mu = \psi_\mu = 0, \qquad h_\mu = h'_\mu = h, \qquad \lambda = \lambda_1 = 1$$

die folgenden Gleichungen:

$$\hat{O}_{\mu+1} = -\frac{\hat{\mathfrak{M}}_{\mu+1}}{h} \tag{219}$$

$$\hat{U}_{\mu+1} = +\frac{\hat{\mathfrak{M}}_\mu}{h} \tag{220}$$

$$\hat{D}_\mu \cos\alpha_\mu = -\hat{O}_{\mu+1} - \hat{U}_{\mu+1} = \frac{1}{h}\left(\hat{\mathfrak{M}}_{\mu+1} - \hat{\mathfrak{M}}_\mu\right) \tag{221}$$

$$0 = -\hat{O}_\mu - \hat{U}_{\mu+1} = \frac{1}{h}\left(\hat{\mathfrak{M}}_\mu - \hat{\mathfrak{M}}_\mu\right) \tag{222}$$

$$\hat{D}_\mu \sin\alpha_\mu = \hat{V}_{\mu+1} \tag{223}$$

$$\hat{S}_\mu = -\hat{D}_\mu \sin\alpha_\mu - \hat{K}_\mu = -\hat{V}_{\mu+1} - \hat{K}_\mu \tag{224}$$

$$\hat{S}_\mu = -\hat{D}_{\mu-1} \sin\alpha_{\mu-1} + \hat{K}'_\mu = -\hat{V}_\mu + \hat{K}'_\mu \tag{224a}$$

aus welchen die wichtigsten Eigenschaften der betrachteten Fachwerkssorte entnommen werden können:

Die Gurtungskraft, oben Druck, unten Zug, ist direct proportional dem Angriffsmoment für den gegenüberliegenden Knotenpunkt (Gleichung 219, 220).

Gleich grosse Zug- und Druckkräfte herrschen in jenen Gurtungsstücken, welche durch Schnittebenen parallel zu den schiefen Zwischengliedern getroffen werden (Gleichung 222).

Die Spannungen in den Zwischengliedern sind von der Verticalkraft abhängig (Gleichung 223, 224).

Da an jeder Stelle die allein durch die Verkehrslast bedingte Verticalkraft sowohl positiv wie negativ sein kann, so erleiden alle Zwischenglieder des schwerlos gedachten Trägers bald Zug, bald Druck. In Wirklichkeit ist diess nur deshalb nicht der Fall, weil sich mit diesen Verticalkräften jene combiniren, welche von dem constanten Brückengewicht herrühren.

Zwei in demselben Knotenpunkt zusammentreffende Zwischenglieder erleiden im Allgemeinen gleichzeitig Spannungen von entgegengesetztem Vorzeichen, und zwar ist die Spannung in einem verticalen Theil gleich und entgegengesetzt der Verticalcomponente der Spannung in jener Diagonale, welche mit ihm in einem unbelasteten Knotenpunkt zusammenstösst (Gleichung 223, 224).

Hinsichtlich der Maximalanstrengung durch **concentrirte Verkehrslasten** ist zu erwähnen:

Die Bestimmung der Gurtungskraft ist gleichbedeutend mit Aufsuchung der Maximalmomente in den Knotenpunkten, welche nach § 13 keiner Schwierigkeit unterliegt.

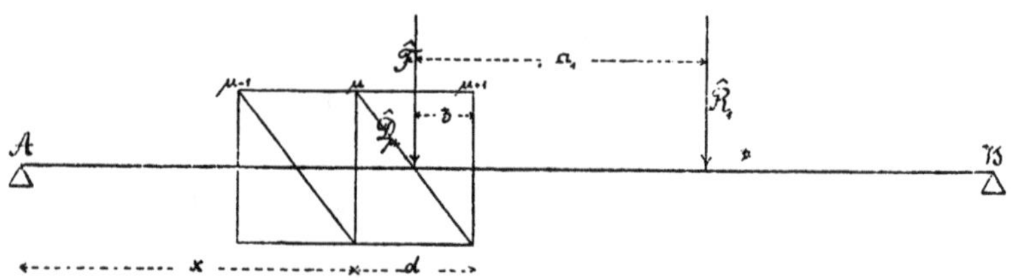

Fig. 68.

Für die diagonalen Zwischenglieder hat man nach Gleichung 190 und mit Bezugnahme auf Fig. 68, da jetzt auch

$$c_1 = d - x(\lambda - 1) = d$$

$$\hat{D}_\mu \cos\alpha_\mu = \frac{d}{l\,h}\left\{\hat{R}_1(l - x - d - a_1) + \hat{F}(l - x - d) + \right.$$
$$\left. + z\left[(\hat{R}_1 + \hat{F}) - \hat{F}\frac{l}{d}\right]\right\} \qquad (225$$

sodann für die verticalen Glieder aus Gleichung 198 und 202 sowie nach Fig. 69 und 70, wenn berücksichtigt wird, dass jetzt

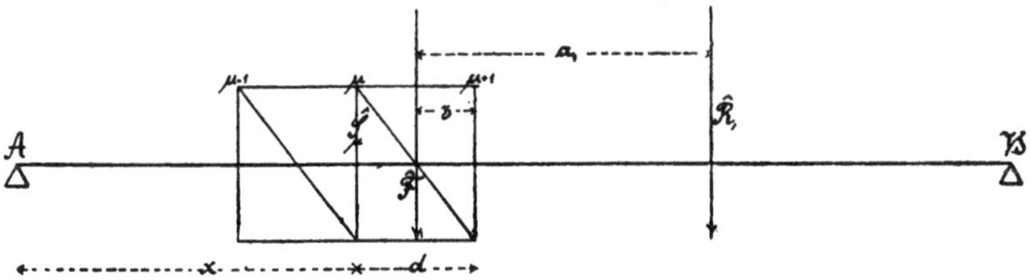

Fig. 69.

$$\zeta = tg\,\varphi_\mu + tg\,\alpha_\mu = + tg\,\alpha_\mu$$
$$\xi = tg\,\varphi_{\mu+1} + tg\,\alpha_\mu = + tg\,\alpha_\mu$$
$$c_2 = \xi\,d - x\,(\zeta\,\lambda - \xi) = d\,tg\,\alpha_\mu$$

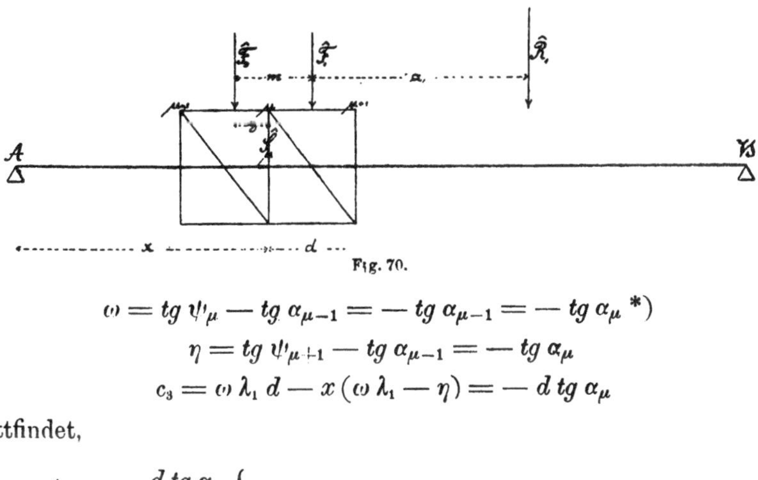

Fig. 70.

$$\omega = tg\,\psi_\mu - tg\,\alpha_{\mu-1} = - tg\,\alpha_{\mu-1} = - tg\,\alpha_\mu\ ^{*)}$$
$$\eta = tg\,\psi_{\mu+1} - tg\,\alpha_{\mu-1} = - tg\,\alpha_\mu$$
$$c_3 = \omega\,\lambda_1\,d - x\,(\omega\,\lambda_1 - \eta) = - d\,tg\,\alpha_\mu$$

stattfindet,

$$\hat{S}_\mu = - \frac{d\,tg\,\alpha_\mu}{l\,h}\left\{\hat{R}_1\,(l - x - d - a_1) + \hat{F}\,(l - x - d) + \right.$$
$$\left. + z\left[(\hat{R}_1 + \hat{F}) - \hat{F}\,\frac{l}{d}\right]\right\} = - \hat{D}_\mu\,sin\,\alpha_\mu \qquad (226$$

bei unten liegender Fahrbahn, sodann

$$\hat{S}_\mu = - \frac{d\,tg\,\alpha_\mu}{l\,h}\left\{\hat{R}_1\,(l - x - m - a_1) + \hat{F}_1\,(l - x - m) + \hat{F}_2\,(l - x) + \right.$$
$$\left. + z\left[(\hat{R}_1 + \hat{F}_1 + \hat{F}_2) - \hat{F}_2\,\frac{l}{d}\right]\right\} = - \hat{D}_{\mu-1}\,sin\,\alpha_{\mu-1} \qquad (227$$

wenn die Fahrbahn sich oben befindet.

---

*) Gleiche Felderweite vorausgesetzt.

Darf die mobile Verkehrslast als **gleichmässig vertheilt** angesehen werden, so erlangen die Gleichungen des § 41 Gültigkeit und zwar in der folgenden modificirten Gestalt:

Für die Diagonalen gilt bei **rechtseitiger** Belastung

$$z_0 = \frac{d\,(l - x - d)}{2\,(l - d)}, \quad \text{Max.}\,\hat{D}_\mu \cos\alpha_\mu = + \frac{\hat{k}\,(l - x - d)^2\, d}{2\,h\,(l - d)} \tag{228}$$

bei **linkseitiger** Belastung

$$z_0' = \frac{d\,.\,x}{2\,(l - d)}, \quad \text{Max.}\,\hat{D}_\mu \cos\alpha_\mu = - \frac{\hat{k}\,x^2\, d}{2\,h\,(l - d)} \tag{229}$$

weiter für die verticalen Theile S in den durch die beigesetzten Figuren 71 bis 74 dargestellten Belastungsfällen

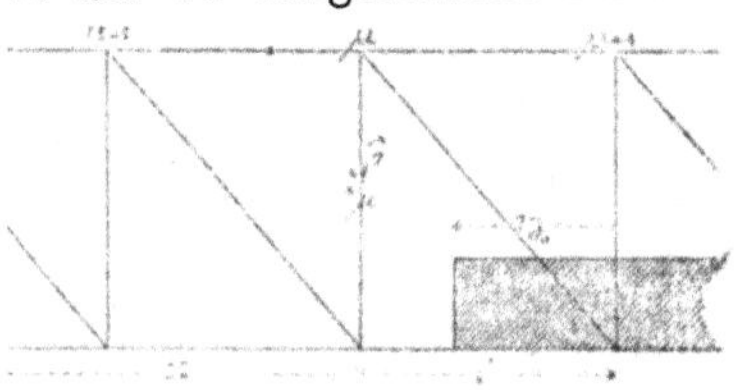

Fig. 71.

$$z_0 = \frac{d\,(l - x - d)}{2\,(l - d)}$$

$$\text{Max.}\,\hat{S}_\mu = - \frac{\hat{k}\,(l - x - d)^2\, d\, tg\,\alpha_\mu}{2\,h\,(l - d)} \tag{230}$$

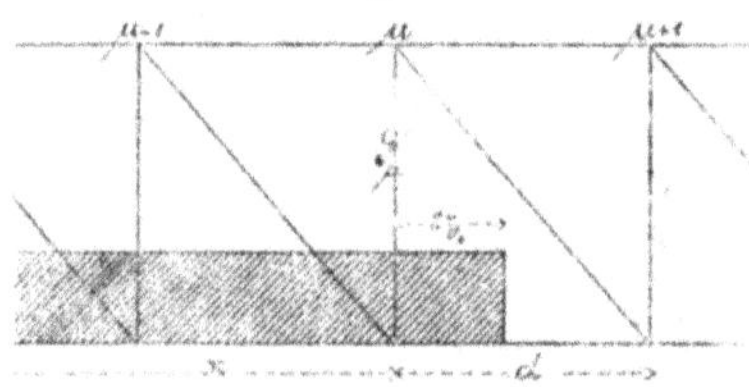

Fig. 72

$$z_0 = \frac{d\,.\,x}{2\,(l - d)}$$

$$\text{Max.}\,\hat{S}_\mu = + \frac{\hat{k}\,x^2\, d\, tg\,\alpha_\mu}{2\,h\,(l - d)} \tag{231}$$

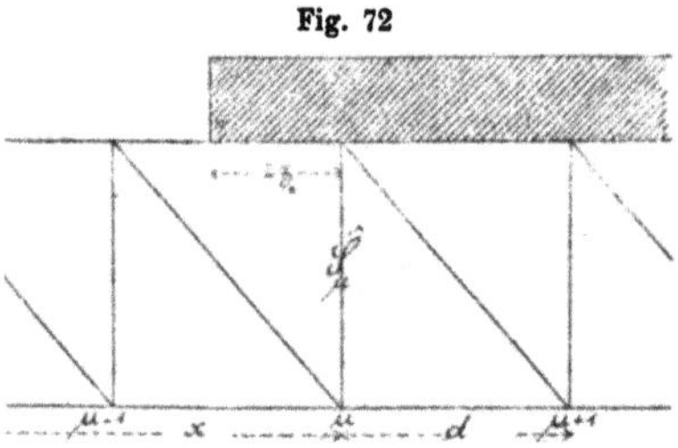

Fig. 73.

$$z_0 = \frac{d\,(l - x)}{2\,(l - d)}$$

$$\text{Max.}\,\hat{S}_\mu = - \frac{\hat{k}\,(l - x)^2\, d\, tg\,\alpha_\mu}{2\,h\,(l - d)} \tag{232}$$

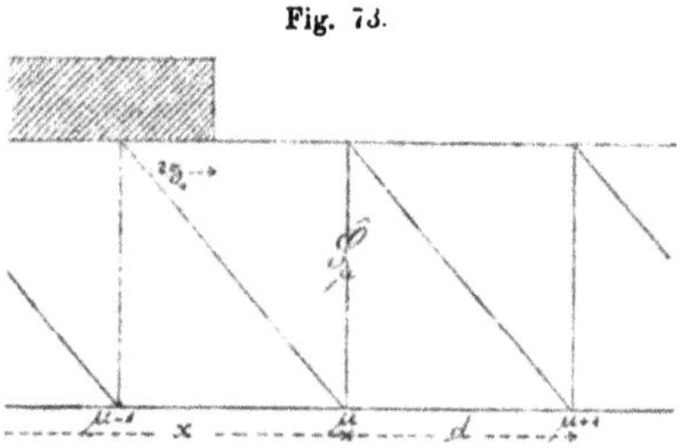

Fig. 74

$$z_0 = \frac{d\,(x - d)}{2\,(l - d)}$$

$$\text{Max.}\,S_\mu = + \frac{\hat{k}\,(x - d)^2\, d\, tg\,\alpha_\mu}{2\,h\,(l - d)} \tag{233}$$

Die Werthe von z_0 entsprechen dem schon in § 17 gefundenen Gesetz, wonach Feld- und Trägerlänge im gleichen Verhältniss zu theilen sind, und die Kräfte Max. $\hat{S}_\mu$ stellen die Maximalverticalkräfte der betreffenden Felder dar.

Die Kräfte endlich, welche durch das Eigengewicht erzeugt, ständig in den Zwischengliedern herrschen, sind durch die nachstehenden, aus den Gleichungen 216 bis 218 abgeleiteten Ausdrücke gegeben:

$$\hat{D}_\mu cos\,\alpha_\mu = \frac{\hat{p}}{2\,\lambda\,h_\mu}\left\{c_1\,(l-x) - d\,(x+d)\right\} = \frac{\hat{p}\,d}{2\,h}(l-2\,x-d) \qquad (234$$

$$\hat{S}_\mu = -\frac{\hat{p}}{2\,h_{\mu+1}}\left\{c_2\,(l-x) - \xi\,d\,(x+d)\right\} - \hat{p}_1\,d =$$

$$= -\frac{\hat{p}\,d\,tg\,\alpha_\mu}{2\,h}(l-2\,x-d) - \hat{p}_1\,d \qquad (235$$

$$\hat{S}_\mu = \frac{\hat{p}}{2\,h_\mu}\left\{c_3\,(l-x) - \omega\,\lambda_1\,d\,(x-d)\right\} + \hat{p}_2\,d =$$

$$= -\frac{\hat{p}\,d\,tg\,\alpha_\mu}{2\,h}(l-2\,x+d) + \hat{p}_2\,d \qquad (236$$

Welches sind nun die Zustände, in welche die Glieder D und S beim Zusammenwirken verschiedenartiger Belastungen versetzt werden, auf welche schon auf Seite 134 hingewiesen wurde?

Die Kräfte $\hat{D}_\mu$ z. B., soweit sie nach Gleichung 234 durch das Eigengewicht veranlasst werden, sind bis nahe an die Trägermitte hin positiv, und sie übertreffen in den ersten Feldern jedenfalls die grösstmöglichen negativen Kräfte nach Gleichung 229. Anders ist es in den Feldern nahe bei der Mitte des Trägers; hier überwiegen die neg. resp. pos. durch die mobile Last bedingten Maximalspannungen die pos. resp. neg. constanten Spannungen, so dass die Diagonalen an diesen Stellen, welche für gewöhnlich Zug erleiden, zeitweilig auch auf Druck angestrengt werden, u. umgekehrt. In den Diagonalen der übrigen Felder können die für gewöhnlich vorhandenen Druckspannungen nie durch zeitweilig auftretende Zugspannungen aufgehoben werden; die schiefen Glieder auf diesen Trägerstrecken erfahren sowohl bei Belastung der Brücke, als auch wenn diese fehlt, immer nur Compression.

In der nachstehenden Tabelle VI sind die constanten Kräfte und die beim Verkehr entstehenden Maxima derselben für die Zwischenglieder eines Trägers zusammengestellt, dessen Stützweite von 300^{dcm} in 10 Felder zu 30^{dcm} getheilt ist und dessen Höhe ebenfalls 30^{dcm} beträgt. Die Fahrbahn ist oben angebracht, so dass von dem gleichmässig vertheilten Brückengewicht ($\hat{p}$ pro Längeneinheit eines Trägers) $\hat{p}_1 = \frac{2}{3}\hat{p}$ auf die obere und $\hat{p}_2 = \frac{1}{3}\hat{p}$ auf die untere Gurtung trifft; die ebenfalls gleichmässig vertheilt gedachte Verkehrslast ist $\hat{k} = 3\,\hat{p}$ angenommen worden. Die Gleichungen, welche die eingeschriebenen Werthe liefern, sind im Kopf der Tabelle angegeben; dieselben versagen nur beim ersten und letzten verticalen Zwischenglied, welche beide auf sehr einfache Weise durch besondere Schnitte berechnet werden müssen. In den Figuren 75 und 76 sind ebenfalls alle Grössen der Tabelle eingeschrieben, wobei nur der Einfachheit halber das durchaus auftretende Product $\hat{p}\,d$ der Einheit gleichgesetzt worden ist. Zur weiteren Erläuterung zeigen endlich die Figuren 77 und 78 die mit einander vereinigten constanten und zeitweiligen Maximalspannungen für zwei Trägerarten, bei welchen die Zwischenglieder einerlei Art entweder nur gezogen oder nur gedrückt werden würden.

Spannungen durch das Eigengewicht bedingt.

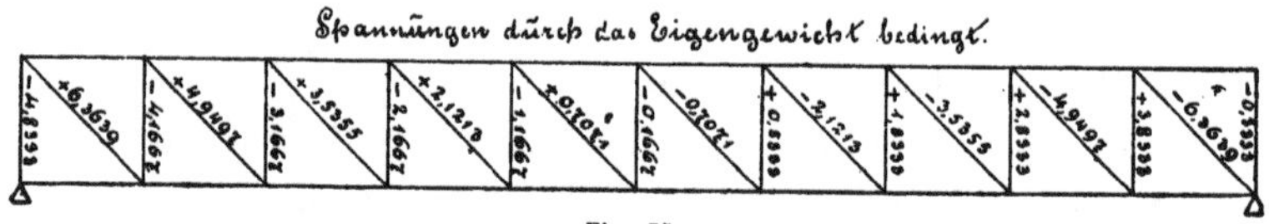

Fig. 75

Spannungen durch die Verkehrslast bewirkt.

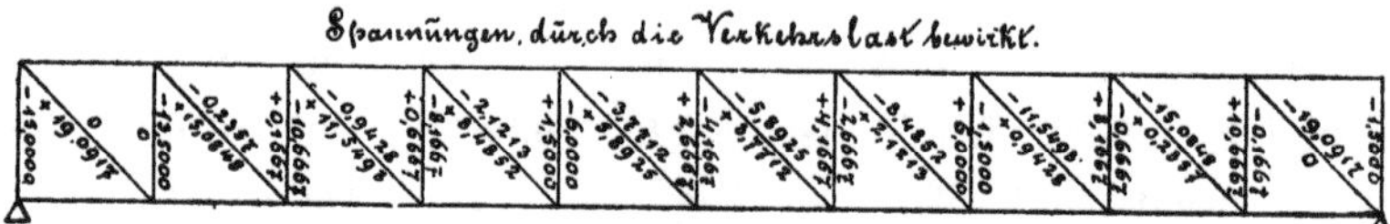

Fig. 76.

Maximalanstrengung durch ständige und mobile Last.

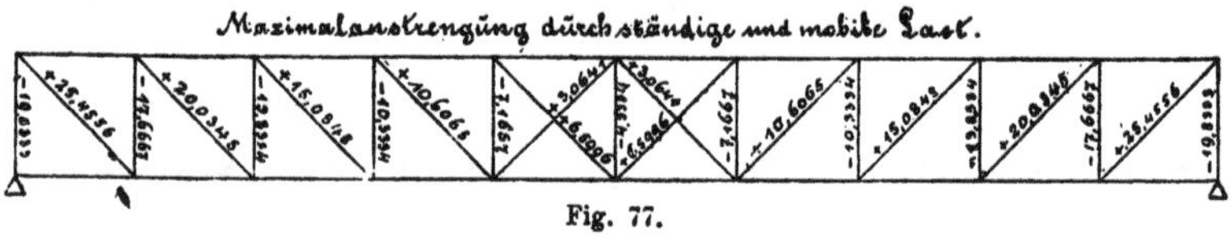

Fig. 77.

Maximalanstrengung durch ständige und mobile Last.

Fig. 78

Tabelle VI.

Abscisse x	$\hat{D}_\mu \cos\alpha_\mu = = \frac{\hat{p}}{2}(9d - 2x)$	$\hat{S}_\mu = = -\frac{\hat{p}}{2}(9d-2x) - -\frac{4}{6}\hat{p}d$ oder $\hat{S}_\mu = = -\frac{\hat{p}}{2}(11d-2x) + +\frac{2}{6}\hat{p}d$	Rechtseitige Belastung: Max. $\hat{D}_\mu \cos\alpha_\mu = = +\frac{\hat{k}(9d-x)^2}{18d}$	Linkseitige Belastung: Max. $\hat{D}_\mu \cos\alpha_\mu = = -\frac{\hat{k}x^2}{18d}$	Rechtseitige Belastung: Max. $\hat{S}_\mu = = -\frac{\hat{k}(10d-x)^2}{18d}$	Linkseitige Belastung: Max. $\hat{S}_\mu = = +\frac{\hat{k}(x-d)^2}{18d}$
0	$+\frac{27}{6}\hat{p}d$	$-\frac{29}{6}\hat{p}d$	$+\frac{81}{6}\hat{p}d$	0	$-\frac{90}{6}\hat{p}d$	—
d	$+\frac{21}{6}\hat{p}d$	$-\frac{25}{6}\hat{p}d$	$+\frac{64}{6}\hat{p}d$	$-\frac{1}{6}\hat{p}d$	$-\frac{81}{6}\hat{p}d$	0
$2d$	$+\frac{15}{6}\hat{p}d$	$-\frac{19}{6}\hat{p}d$	$+\frac{49}{6}\hat{p}d$	$-\frac{4}{6}\hat{p}d$	$-\frac{64}{6}\hat{p}d$	$+\frac{1}{6}\hat{p}d$
$3d$	$+\frac{9}{6}\hat{p}d$	$-\frac{13}{6}\hat{p}d$	$+\frac{36}{6}\hat{p}d$	$-\frac{9}{6}\hat{p}d$	$-\frac{49}{6}\hat{p}n$	$+\frac{4}{6}\hat{p}d$
$4d$	$+\frac{3}{6}\hat{p}d$	$-\frac{7}{6}\hat{p}d$	$+\frac{25}{6}\hat{p}d$	$-\frac{16}{6}\hat{p}d$	$-\frac{36}{6}\hat{p}d$	$+\frac{9}{6}\hat{p}d$
$5d$	$-\frac{3}{6}\hat{p}d$	$-\frac{1}{6}\hat{p}d$	$+\frac{16}{6}\hat{p}d$	$-\frac{25}{6}\hat{p}d$	$-\frac{25}{6}\hat{p}d$	$+\frac{16}{6}\hat{p}d$
$6d$	$-\frac{9}{6}\hat{p}d$	$+\frac{5}{6}\hat{p}d$	$+\frac{9}{6}\hat{p}d$	$-\frac{36}{6}\hat{p}d$	$-\frac{16}{6}\hat{p}d$	$+\frac{25}{6}\hat{p}d$
$7d$	$-\frac{15}{6}\hat{p}d$	$+\frac{11}{6}\hat{p}d$	$+\frac{4}{6}\hat{p}d$	$-\frac{49}{6}\hat{p}d$	$-\frac{9}{6}\hat{p}d$	$+\frac{36}{6}\hat{p}d$
$8d$	$-\frac{21}{6}\hat{p}d$	$+\frac{17}{6}\hat{p}d$	$+\frac{1}{6}\hat{p}d$	$-\frac{64}{6}\hat{p}d$	$-\frac{4}{6}\hat{p}d$	$+\frac{49}{6}\hat{p}d$
$9d$	$-\frac{27}{6}\hat{p}d$	$+\frac{23}{6}\hat{p}d$	0	$-\frac{81}{6}\hat{p}d$	$-\frac{1}{6}\hat{p}d$	$+\frac{64}{6}\hat{p}d$
$10d$	—	$-\frac{2}{6}\hat{p}d$	—	—	—	$-\frac{9}{6}\hat{p}d$

c) Polygonale Fachwerkträger.

§ 44. Parabolische Träger. Die parabolischen Fachwerke haben ihren Namen von der Form der Gurtungen, welche entweder beide Polygone darstellen, die gewöhnlichen Parabeln eingeschrieben sind, oder bei deren einer diess der Fall ist, während die andere gerade gebildet erscheint.

Die Gleichung einer Parabel in der Lage $A\ C\ B$ gegen das orthogonale Axensystem $X\,.\,Y$ (Fig. 79) ist

$$y = \frac{2h}{l^2}\,x(l-x) \tag{237}$$

wobei l die Sehne AB und h die Doppelordinate im Scheitel bedeutet.

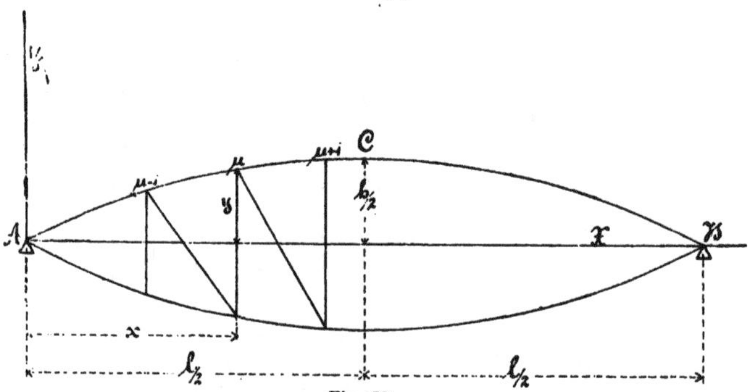

Fig. 79.

Wird die eine Gurtung mit der X-Axe zusammenfallend gedacht, so stellen die Ordinaten y die Trägerhöhen vor; bildet man aber den Träger symmetrisch zur Axe $A\ B$, wie diess bei den folgenden Entwicklungen festgehalten werden soll, so ist die Höhe desselben in irgend einer Entfernung x von dem Auflager A

$$h_\mu = 2y = \frac{4h}{l^2}\,x(l-x) \tag{238}$$

Die Winkel, welche die Gurtungstheile mit dem Horizont bilden, sind gegeben durch die Ausdrücke

$$tg\,\varphi_\mu = tg\,\psi_\mu = \frac{h_\mu - h_{\mu-1}}{2d} = \frac{4h\left[x(l-x) - (x-d)(l-x+d)\right]}{2dl^2}$$

$$= \frac{2h}{l^2}(l-2x+d) \tag{239}$$

und diese mit jenen für h_μ in die Grundgleichungen I bis VII eingesetzt, liefern Specialformen derselben, welche neben den schon früher ausgesprochenen allgemein gültigen noch einige besondere, den Parabelträgern eigenthümliche Eigenschaften angeben.

Reicht eine gleichmässig vertheilte Last, etwa $\hat{q}$ pr. Längeneinheit des Trägers, von einem Auflager zum anderen, so erhält man als Gurtungskräfte

$$\hat{O}_\mu \cos\varphi_\mu = -\frac{\hat{\mathfrak{M}}_\mu}{h_\mu} = -\frac{\frac{\hat{q}}{2}\,x(l-x)}{\frac{4h}{l^2}\,x(l-x)} = -\frac{\hat{q}\,l^2}{8h}$$

und

$$\hat{U}_\mu \cos\psi'_\mu = +\frac{\hat{\mathfrak{M}}_{\mu-1}}{h_{\mu-1}} = +\frac{\frac{\hat{q}}{2}\,(x-d)(l-x+d)}{\frac{4h}{l^2}(x-d)(l-x+d)} = +\frac{\hat{q}\,l^2}{8h} \qquad (240$$

zwei von x unabhängige Werthe, d. h.

1) **Die Horizontalprojection der Gurtungskraft ist bei gleichmässiger Belastung des ganzen Trägers an allen Stellen gleich gross.**

Die Gurtungskraft selbst ändert sich dann selbstverständlich mit der Abscisse; sie wächst gegen die Auflager hin (wenn auch nur um wenige Procent), da auch der Neigungswinkel der Gurtungstheile mit dem Horizont in diesen Richtungen an Grösse zunimmt.

Mit der eben ausgesprochenen Eigenschaft steht die andere nach Gleichung III′

$$\hat{D}_\mu \cos\alpha_\mu = -\hat{O}_{\mu+1}\cos\varphi_{\mu+1} - \hat{U}_{\mu+1}\cos\psi'_{\mu+1}$$

$$= \frac{\hat{\mathfrak{M}}_{\mu+1}}{h_{\mu+1}} - \frac{\hat{\mathfrak{M}}_\mu}{h_\mu}$$

in unmittelbarem Zusammenhang:

2) **Während die gleichmässig vertheilte Last die ganze Trägerlänge überdeckt, sind alle schiefen Zwischenglieder spannungslos.**

Bei allen partiellen Bedeckungen kommen dieselben in Wirksamkeit und sie erleiden bei gewissen Lagen der Last Maximalspannungen, welche sehr leicht mit Rücksicht auf den in der Zeitschrift des bayerischen Architecten- und Ingenieurvereins 1876 veröffentlichten Satz

3) **Die Horizontalprojection der Maximaldiagonalkraft ist in allen Feldern gleich gross**

berechnet werden können.

Aus den allgemeinen Ausdrücken für die grössten Zug- und Druckkräfte in den schiefen Zwischentheilen, nach den Gleichungen 204 und 206

$$\text{Max.}\, \hat{D}_\mu \cos\alpha_\mu = \frac{\hat{k}(l-x-d)^2}{2\,h_{\mu+1}} \cdot \frac{c_1}{l-c_1} \text{ (Rechtseitige Belastung)}$$

$$\text{Max.}\, \hat{D}_\mu \cos\alpha_\mu = -\frac{\hat{k}x^2}{2\,h_\mu} \cdot \frac{c_1+l(\lambda-1)}{l-c_1} \text{ (Linkseitige Belastung)}$$

findet man nämlich für Parabelträger symmetrischer Bildung, bei welchen

$$\lambda = \frac{h_{\mu+1}}{h_\mu} = \frac{(x+d)(l-x-d)}{x(l-x)}, \quad \lambda - 1 = \frac{d(l-2x-d)}{x(l-x)}$$

$$c_1 = d - x(\lambda - 1)$$

und für h_μ und $h_{\mu+1}$ die Werthe nach Gleichung 238 zu setzen sind,

$$\hat{D}_\mu \cos\alpha_\mu = \frac{\hat{k}(l-x-d)^2}{\frac{8h}{l^2}(x+d)(l-x-d)} \cdot \frac{d - x \cdot \frac{d(l-2x-d)}{x(l-x)}}{l-d+x \cdot \frac{d(l-2x-d)}{x(l-x)}}$$

$$= + \frac{\hat{k}\,d\,l^2}{8h(l+d)} \qquad (241$$

und

$$\hat{D}_\mu \cos\alpha_\mu = -\frac{\hat{k}x^2}{\frac{8h}{l^2}x(l-x)} \cdot \frac{d+(l-x)\frac{d(l-2x-d)}{x(l-x)}}{l-d+x\,\frac{d(l-2x-d)}{x(l-x)}}$$

$$= -\frac{\hat{k}\,d\,l^2}{8h(l+d)} \qquad (242$$

welche Ausdrücke, wie oben ausgesprochen, sich nicht mit der Nummer des Feldes ändern.

Bemerkenswerth ist aber, dass die Strecke, auf welche zur Erzielung dieser Maxima die gleichmässig vertheilte mobile Last von einer Seite herein in das Feld vorgeschoben werden muss, für jedes Feld eine andere ist. Denn die, ebenfalls schon in § 41 entwickelten allgemeinen Gleichungen 203 und 205 gehen im vorliegenden Fall in die folgenden über:

$$2\,z_0 = \frac{d(x+d)}{l+d} \tag{243}$$

$$2\,z_0' = \frac{d(l-x)}{l+d} \tag{244}$$

In der anderen Form dieser Gleichungen:

$$\frac{2z_0}{d-2z_0} = \frac{x+d}{l-x} \tag{243a}$$

$$\frac{2z_0'}{d-2z_0'} = \frac{l-x}{x+d} \tag{244a}$$

wird das durch sie gegebene Belastungsgesetz klar ausgesprochen:

Zur Erzielung des Maximums der Spannung in einem schiefen Zwischenglied muss die Last von der einen Stütze herein so weit in das betreffende Feld vorgeschoben werden, dass sich die von ihr bedeckte Strecke dieses Feldes zur unbedeckten verhält wie der Trägertheil von dem lastfreien Auflager bis zum belasteten Knotenpunkt des Feldes zu jenem, welcher vom lastfreien Knotenpunkt bis zum lastbedeckten Auflager reicht.

Nachdem die Spannungen in den diagonalen Ausfüllstücken, so weit sie durch die mobile Last bedingt sind, alle bald positiv bald negativ werden, das gleichmässig über die Trägerlänge ausgetheilte Eigengewicht aber eine Anspannung derselben nicht bewirkt, so sind bei parabolischen Fachwerken in allen Feldern gekreuzte Diagonalen erforderlich, sobald dieselben bandartig und deshalb ungeeignet sind, Druckkräfte auszuhalten.

Was schliesslich die verticalen Zwischenglieder anlangt, so erleiden dieselben bei jeder Belastung der Brücke Anspannungen, deren Maxima aus den Gleichungen 207—214 entnommen werden können. Uebersichtlich zusammengestellt sind diese Resultate die folgenden:

a) Die Fahrbahn unten.

Die Last $(\hat{k})$ von rechts herein bis in das Feld $\mu \ldots . (\mu+1)$ vorgerückt:

$$2z_0 = \frac{x(l-x-d)d}{l(l-x)-xd} \tag{245}$$

$$\text{Max. } \hat{S}_\mu = -\frac{\hat{k}}{d}(l-x-d)\,z_0 = -\frac{\hat{k}}{2}\,\frac{x(l-x-d)^2}{l(l-x)-xd} \quad (246$$

Die Last von **links** herein bis ins Feld $\mu \ldots (\mu+1)$ gerückt:

$$2z_0 = \frac{(l-x)^2 d}{l(l-x)-xd} \quad (247$$

$$\text{Max. } \hat{S}_\mu = +\frac{\hat{k}}{d}\cdot\frac{(l-x)(x+d)-xd}{l-x}\,z_0 =$$

$$= +\frac{\hat{k}}{2}\cdot\frac{(l-x)\left[(l-x)(x+d)-xd\right]}{l(l-x)-xd} \quad (248$$

b) Die Fahrbahn oben.

Rechtseitige Belastung, das Feld $(\mu-1)\ldots\mu$ auf $2\,z_0$ bedeckt:

$$2z_0 = \frac{x^2 d}{l(x-d)+xd} \quad (249$$

$$\text{Max. } \hat{S}_\mu = -\frac{\hat{k}}{d}\cdot\frac{(l-x)(x-d)+xd}{x}\,z_0 =$$

$$= -\frac{\hat{k}}{2}\cdot\frac{x\left[(l-x)(x-d)+xd\right]}{l(x-d)+xd} \quad (250$$

Linkseitige Belastung, das Feld $(\mu-1)\ldots\mu$ auf die Strecke $2\,z_0$ belastet:

$$2z_0 = \frac{(l-x)(x-d)\,d}{l(x-d)+xd} \quad (251$$

$$\text{Max. } \hat{S}_\mu = +\frac{\hat{k}}{d}(x-d)\,z_0 = \frac{\hat{k}}{2}\cdot\frac{(l-x)(x-d)^2}{l(x-d)+xd} \quad (252$$

Will man die für die Verticalglieder wichtigsten und durch die Gleichungen 245, 247, 249, 251 bestimmten Belastungsfälle genauer beschreiben, so braucht man jene nur in der veränderten Form

$$\frac{2\,z_0}{d-2\,z_0} = \frac{x(l-x-d)}{(l-x)^2} \quad (245^a$$

$$\frac{2z_0}{d-2z_0}=\frac{(l-x)^2}{x(l-x-d)} \tag{247a}$$

$$\frac{2z_0}{d-2z_0}=\frac{x^2}{(x-d)(l-x)} \tag{249a}$$

$$\frac{2z_0}{d-2z_0}=\frac{(x-d)(l-x)}{x^2} \tag{251a}$$

zu betrachten; man erkennt dann sofort, in welchem Verhältniss das Feld $\mu \ldots . (\mu+1)$, resp. $(\mu-1) \ldots \mu$ bei der ungünstigsten Belastung durch das Vorderende der Last $\hat{k}$ getheilt wird, die ja bekanntlich von einem Auflager herein bis in eines dieser Felder reichen muss.

Es verhält sich nämlich

a) bei unten liegender Fahrbahn

die rechtseitige Feldstrecke zur linkseitigen, wie das Produkt aus den rechts und links von dem fraglichen Felde befindlichen Trägertheilen zum Quadrat des Abstandes des betrachteten Verticalgliedes vom rechtseitigen Auflager; und

b) wenn die Fahrbahn oben liegt,

die linkseitige Feldstrecke zur rechtseitigen, wie das Product aus den links und rechts vom Felde gelegenen Trägertheilen zum Quadrat des Abstandes des Verticalgliedes vom linkseitigen Auflager.

§ 45. Andere Formen polygonaler Fachwerke. Es ist nicht beabsichtigt, alle zur Ausführung gekommenen Systeme hier ausführlich zu besprechen, nur einige bekanntere sollen noch kurz erwähnt werden; vor allem der sogenannte Pauli'sche Träger, welcher vom Oberbaudirector von Pauli und Director von Bauernfeind in den fünfziger Jahren construirt und berechnet wurde, sodann das vom geh. Oberbaurath Schwedler erfundene und nach ihm benannte Fachwerk.

Ersterer ist dem Aussehen nach mit dem symmetrischen Parabelträger übereinstimmend; während sich aber bei diesem die Horizontalcomponenten der Gurtungskräfte bei gleichmässiger Totalbelastung constant ergeben, wird die Form des Pauli'schen Trägers unter der Bedingung bestimmt, dass bei der bezeichneten Belastungsweise die Gurtungskräfte selbst von der Mitte bis zu den Auflagern hin gleich gross ausfallen, so dass auch der Querschnitt der Gurtungen durchaus von gleicher Grösse hergestellt werden kann.

Wenn eine gleichmässig vertheilte Last ($\hat{q}$ auf die Längeneinheit eines Trägers) sich von Stütze zu Stütze erstreckt, so ist das Moment in der Entfernung x von der links gelegenen

$$\hat{\mathfrak{M}}_x = \frac{\hat{q}}{2} x (l - x) \tag{253}$$

und die Gurtungskraft an dieser Stelle, wenn h_x die Trägerhöhe daselbst bedeutet, im Allgemeinen

$$\hat{U}_x = \frac{\hat{\mathfrak{M}}_x}{h_x} \cdot \frac{1}{\cos\psi_x} = \frac{\frac{\hat{q}}{2} x (l - x)}{2 y \cos\psi_x} \tag{254}$$

sodann in der Trägermitte, wo $x = \frac{l}{2}$, $y = \frac{h}{2}$ und $\sphericalangle\, \psi_x = 0$ ist,

$$\hat{U}_{\frac{l}{2}} = \frac{\hat{\mathfrak{M}}_{\frac{l}{2}}}{h} = \frac{\hat{q} l^2}{8 h} \tag{255}$$

Der Ausdruck für die Gurtungskraft gilt bei einer Anordnung der Zwischenglieder z. B. nach Fig. 79 nur in den Querschnitten durch die Knotenpunkte; sieht man jedoch von den Zwischengliedern ganz ab und fasst die Aufgabe als eine rein mathematische auf, indem man nach der Funktion $f(x, y) = 0$ fragt, welche die Bedingung

$$\hat{U}_x = \hat{U}_{\frac{l}{2}}$$

oder

$$\frac{\frac{\hat{q}}{2} x (l - x)}{2 y} \cdot \frac{1}{\cos\psi_x} = \frac{\hat{q} x (l - x)}{4 y} \sqrt{1 + \left(\frac{dy}{dx}\right)^2} = \frac{\hat{q} l^2}{8 h} \tag{256}$$

erfüllt, so hat man damit auch die Differentialgleichung der gewünschten Curve gegeben. Die Integration derselben ist in aller Schärfe nicht durchführbar; man erhält bei einigen Vernachlässigungen, die in allen praktischen Fällen gestattet werden könnten, nach Professor Grelle[1]) die Gleichung

---

[1]) Pauli's Träger von Prof. Dr. Fr. Grelle, Ztschft. des Arch.- u. Ing.-Vereins zu Hannover, 1872, S. 391.

$$y = \frac{2h}{l^2} x(l-x)\left[1+\frac{2h^2}{l^2}\left(1-\frac{2x}{l}\right)^2\right] \qquad (257$$

welche sich von der Parabelgleichung durch den Klammerausdruck unterscheidet.

In Wirklichkeit werden die Gurtungen als Polygone mit geraden Seiten ausgeführt, die Zwischenglieder als vertical gestellte Pfosten, welche die Feldertheilung bestimmen, und als bandförmige Diagonalen, deren zwei gekreuzt in jedem Feld angebracht werden. Von letzteren kommt immer nur eine, nämlich jene in Wirksamkeit, welche bei der eben vorhandenen Belastung eine Zugspannung zu erleiden hat, während die andere, welche gedrückt werden müsste, unfähig zum Widerstand, etwas ausweicht.

Bei solch praktisch modificirter Gestalt ist es nicht möglich, die Spannung in beiden Gurtungen für die Totalbelastung constant zu machen; denn geschieht dies für die obere Gurtung, so hat man nach den Grundgleichungen I′ und II′

$$\hat{O}\cos\varphi_\mu = -\frac{\hat{\mathfrak{M}}_\mu}{h_\mu} \text{ und } \hat{U}_{\mu+1}\cos\psi_{\mu+1} = \frac{\hat{\mathfrak{M}}_\mu}{h_\mu}$$

woraus

$$\hat{U}_{\mu+1} = -\hat{O}\frac{\cos\varphi_\mu}{\cos\psi_{\mu+1}} \qquad (258$$

$\hat{U}_{\mu+1}$ bei der vorausgesetzten symmetrischen Bildung also nicht constant. Da die Abweichung jedoch nur sehr gering ist, so pflegt man sie zu übersehen, sodann bei Berechnung der Trägerhöhen von der Mitte auszugehen, wo man die Höhe gleich dem siebenten oder achten Theil der Spannweite wählt, und die Höhenabnahme von Ständer zu Ständer unter der charakteristischen Bedingung zu bestimmen. —

Dem Schwedler'schen Träger liegt der Gedanke zu Grunde, bei horizontaler gerader unterer Gurtung der oberen eine solche Form zu geben, dass in den einfach angeordneten und bandartig ausgeführten Diagonalen niemals Druckspannungen auftreten können.

Nun ist die allgemeine Gleichung V′, nachdem $\sphericalangle\ \psi = 0$

$$\hat{D}_\mu \sin\alpha_\mu = \hat{V}_{\mu+1} + \hat{O}_{\mu+1}\sin\varphi_{\mu+1} = \hat{V}_{\mu+1} - \frac{\hat{\mathfrak{M}}_{\mu+1}}{h_{\mu+1}}\cdot tg\,\varphi_{\mu+1} \qquad (259$$

und nach den Entwicklungen des § 41 entstehen in den schiefen Zwischengliedern die grössten Druckspannungen für eine gleichmässig vertheilte Last $\hat{k}$, wenn dieselbe den linkseitigen Trägertheil überdeckt, vom Auflager bis auf eine Strecke ($2z_0'$ nach Gleichung 205) über die betrachtete Diagonale reichend; der Werth dieses Druckmaximums ist durch Gleichung 206 gegeben. Formt man die obere Gurtung so, dass diese grösste Druckkraft selbst nur den Werth Null erreicht, so ist man sicher, dass in der Diagonale überhaupt niemals Druck erscheint. Man würde also die Gleichung

$$\left\{ \hat{V}_{\mu+1} - \frac{\hat{\mathfrak{M}}_{\mu+1}}{h_{\mu+1}} tg\, \varphi_{\mu+1} \right\} \frac{1}{\sin \alpha_\mu} = 0 \tag{260}$$

aufzulösen haben, worin $\hat{V}_{\mu+1}$ und $\hat{\mathfrak{M}}_{\mu+1}$ die Verticalkraft und das Moment bedeuten, welche bei der oben beschriebenen ungünstigsten Belastungsweise und unter gleichzeitiger Einwirkung des Eigengewichts entstehen. Die Auflösung derselben ist jedoch ziemlich schwierig, selbst wenn man das gleichmässig vertheilte Aequivalent $\hat{k}$ als constant annimmt, also davon absieht, dass dasselbe im Hinblick auf die Verticalkraft wesentlich verschiedene Werthe besitzt. Sie ist wohl auch nie durchgeführt worden, denn die ersten Schwedler'schen Träger wurden nach der Gleichung

$$y = \frac{4h}{l^2} x(l-x) \frac{\hat{p} + \frac{\hat{k}}{2}}{\hat{p} + \hat{k} \cdot \frac{x}{l}} \tag{261}$$

construirt[1]), und später dahin abgeändert, dass eine Ellipse statt der Curve 261 gewählt wurde. Letztere ist in sehr einfacher Weise entwickelt; denn denkt man sich die beiden Gurtungen des Trägers auf irgend eine Weise fest mit einander verbunden und nimmt an, dass die Spannung der Verbindungstheile in einem Verticalschnitt Null ist, wenn die Last $\hat{k}$ vom linkseitigen Auflager herein bis zu demselben gerückt ist, so geht die Gleichung 260 in die andere über:

$$\hat{V}_x - \frac{\hat{\mathfrak{M}}_x}{h_x} tg\, \varphi_x = \hat{V}_x - \frac{\hat{\mathfrak{M}}_x}{y} \cdot \frac{dy}{dx} = 0 \tag{262}$$

[1]) Deutsche Bauzeitung 1867, S. 250.

Da nun unter diesen Umständen

$$\hat{V}_x = \frac{\hat{p}}{2}(l - 2x) - \frac{\hat{k}x^2}{2l} \qquad (263$$

$$\hat{\mathfrak{M}}_x = \frac{x(l-x)}{2l}(\hat{p}l + \hat{k}x) \qquad (264$$

so wird

$$\frac{dy}{y} = \frac{\hat{p}l(l-2x) - \hat{k}x^2}{x(l-x)(\hat{p}l + \hat{k}x)}dx$$

deren Integration

$$log\,y = log\left[x(l-x)(\hat{p}l + \hat{k}x)\right] - 2\,log(\hat{p}l + \hat{k}x) + Const$$

liefert, oder wenn man die Ordinate $y = h$ in der Mitte (für $x = \frac{l}{2}$) als gegeben ansieht und die Integrationsconstante ebenfalls als Logarithmus auffasst

$$log\,y = log\frac{x(l-x)(\hat{p}l + \hat{k}x)}{(\hat{p}l + \hat{k}x)^2} \cdot \frac{4h}{l^2}\,l\left(\hat{p} + \frac{\hat{k}}{2}\right)$$

oder also

$$y = \frac{4h}{l^2}x(l-x)\frac{\hat{p} + \frac{\hat{k}}{2}}{\hat{p} + \hat{k}\cdot\frac{x}{l}}$$

wie sie oben unter 261 angegeben worden.

Die Maximalordinate dieser Curve fällt nicht mit der Brückenmitte zusammen, es ergibt sich deshalb bei symmetrischen Verwendung derselben eine schnabelartige Einbiegung an dieser Stelle. Da diese aus verschiedenen Gründen unzulässig ist, werden die mittleren Felder oben gerade und horizontal begrenzt und mit den sodann nothwendig werdenden Gegendiagonalen versehen.

2) Fachwerke mit mehrfach angeordneten Zwischengliedern. Gitterträger.

§ 46. Mehrfache Fachwerke werden gewöhnlich jene genannt, bei welchen jedes Zwischen- oder Wandglied der einen Richtung von einem oder mehreren Gliedern der anderen Richtung zwischen den

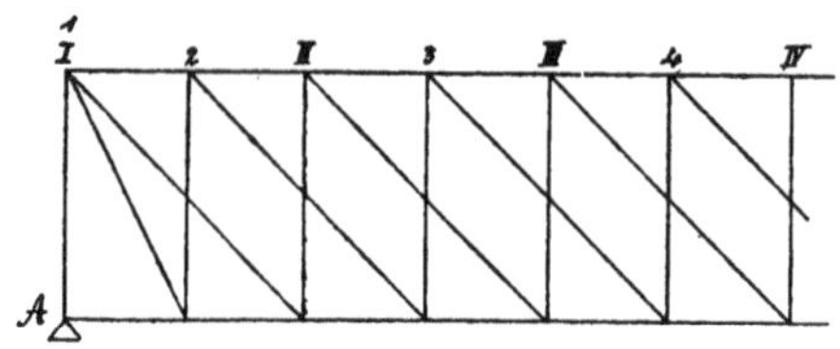

Fig. 80.

Knotenpunkten gekreuzt wird. Fig. (80) stellt z. B. ein zweifaches System dar, weil sich je zwei verschieden gerichtete Wandglieder ein Mal zwischen den Gurtungen treffen, oder weil jedes Wandglied durch ein anderes in zwei Theile getheilt wird und der Träger in zwei einfache Fachwerke zerlegt werden kann, deren eines die Knotenpunkte I, II, III . . ., das andere die Knotenpunkte 1, 2, 3 . . . . enthält. Durch einen Trennungsschnitt werden bei solchen mehrfachen Systemen immer mehr als drei Glieder, und um so mehrere derselben getroffen, je grösser die Anzahl der einfachen Systeme ist, aus welchen das mehrfache zusammengesetzt angesehen werden kann. Bei der Unzulänglichkeit der statischen Gleichgewichtsgleichungen für Kräfte in der Ebene zur Bestimmung der inneren Fachwerksspannungen hilft man sich zur Zeit gewöhnlich damit, dass man bei jedem Belastungsfall die zwischen zwei auf einander folgende Knotenpunkte des mehrfachen Trägers, (z. B. zwischen II und 2 in Figur 80), treffenden Lasten nach dem Hebelgesetz auf diese vertheilt, hierauf die einfachen Systeme, aus welchen der Hauptträger zusammengesetzt ist, aus einander genommen denkt und jedes nach Massgabe der so für die ihm zugehörigen Knotenpunkte erhaltenen Belastungen berechnet. Verticalkraft und Angriffsmoment fallen dabei im Allgemeinen für die gleichen Abscissen bei den auseinandergenommenen Systemen verschieden gross aus, immer aber wesentlich kleiner als dieselben Grössen für den mehrfachen Träger im Ganzen. Die Querschnittsflächen der Zwischenglieder ergeben sich auf solche Weise unmittelbar, der Querschnitt der Gurtungen des mehrfachen Trägers ist der Summe der Gurtungsquerschnitte der einfachen Systeme gleich zu nehmen.

Je öfter die gegenseitige Durchkreuzung der Zwischenglieder erfolgt, desto näher kommen die mehrfachen Fachwerke den sogenannten Gitterträgern, desto ähnlicher wird die Gesammtheit der Ausfüllstücke oder Gitterstäbe einer vollen Wand, bei welcher die Unzweckmässigkeit der Materialvertheilung bemerklich wird. Besondere Versteifungstheile wie bei den Blechträgern können dann selten entbehrt werden, besonders wenn sämmtliche Gitterstäbe als Bänder ausgeführt sind. Die Kräftewirkung im Innern wird hierdurch wieder äusserst complicirt und die Annahmen bezüglich derselben, wie auch über die freie Länge der noch ausserdem unter einander in den Kreuzungspunkten verbundenen Zwischenglieder ziemlich willkührlich. Oefters pflegt man bei Berechnung der Zwischenglieder die Hypothese festzuhalten, dass dieselben gleichmässig beansprucht seien, dass wenn ein ν faches System vorliegt, das einzelne Glied nur einen Querschnitt erfordert gleich dem ν. Theil jenes, welchen ein Zwischenglied eines einfachen Systems erhalten würde. Sind die Kräfte in den Zwischengliedern festgesetzt, so ergeben sich die Kräfte in den Gurtungen durch passend gewählte Schnitte ohne Schwierigkeit, überhaupt wird die ganze Berechnung meistens dadurch einfach, dass die Gurtungen gerade und horizontal gebildet sind.

Literatur.

Bauernfeind's Vorlegeblätter zur Brückenbaukunde mit erläuterndem Text, Stuttgart 1872, (die 3. Auflage von Frauenholz und Asimònt soll demnächst erscheinen).

Heinzerling, Die Brücken der Gegenwart, Aachen 1873, 1874.

Klose, Theorie der eisernen Träger mit Doppelflanschen, Hannover 1862.

Laissle und Schübler, Der Bau der Brückenträger, Stuttgart, I. Theil, 3. Auflage 1869, II. Theil 1871.

Rebhann, Theorie der Holz- und Eisenconstructionen, Wien 1856.

Ritter, A., Elementare Theorie und Berechnung eiserner Dach- und Brücken-Constructionen, Hannover 1863.

Ritter, A., Lehrbuch der Ingenieur-Mechanik, Hannover 1876.

Scheffler, Theorie der Festigkeit gegen das Zerknicken etc., Braunschweig 1858.

Schmidt, H., Beiträge zum Brückenbau, Separatabdruck aus der Allgem. Bztg. 1866, 67, 68, Wien 1869.

Weyrauch, Allgemeine Theorie und Berechnung der continuirlichen und einfachen Träger, Leipzig 1873.

Winkler, Der Brückenbau, Wien 1872 ff.

Allgemeine Bauzeitung von Förster, Wien.

Annales des ponts et chaussées, Paris.

Civilingenieur, Leipzig.

Deutsche Bauzeitung, Berlin.

Zeitschrift für Bauwesen von Erbkam, Berlin.

Zeitschrift des bayerischen Arch.- und Ing.-Vereins, München.

„ des Arch.- und Ing.-Vereins zu Hannover, Hannover.

„ des österreichischen Ingenieurvereins, Wien.

„ des Vereins deutscher Ingenieure, Berlin.

Druckfehler.

In Fig. 9 S. 14 fehlt ein Rad neben der Stütze B

S. 16 Z. 5 v. u. lies $\hat{\mathfrak{M}}_k = \hat{R}_1 \frac{(l-x)(x-r_1)}{l} + \hat{R}_2 \frac{x\,[l-(x+r_2)]}{l}$

S. 23 Z. 7 v. u. lies $\hat{R}_1$ statt $\hat{R}$,

S. 30 Z. 17 v. o. lies ν statt v

S. 38 Z. 3 v. u. lies x^2 statt x_2

S. 42 Z. 13 v. u. lies $\hat{V}_k$ statt $\hat{V}$

In Fig. 32 S. 46 lies r statt ϱ

S. 51 Z. 4 v. o. soll stehen: $\hat{\omega}' = \frac{\hat{g}}{s} \sqrt{1 + \left(\frac{\frac{d\hat{Z}}{dy}}{2\hat{g}}\right)^2}$

S. 131 Z. 1 v. o. lies $2s_0 =$ statt $s_0 =$

S. 137 Z. 1 v. o. lies § 12 statt § 17